H O W

张福林 著 张超 审校

Exploring
the
Hidden Beauty
of
Winter's Tiny
Wonders

T O

如何观察一片雪花

O B S E R V E

探索
冬之精灵
的
隐秘之美

A

S N O W F L A K E

化学工业出版社
·北京·

内容简介

提起雪，大家都不陌生，但谈到雪花是如何形成的，长什么样子，有多少种类型，多数人并不十分清楚。

本书对人类认识雪花的过程、雪花的形成及生长原理，以及雪花的形态与分类，进行了简明扼要的阐述，通俗易懂。同时，附有大量精美的雪花图片，方便广大读者参考与欣赏。书中结合作者多年拍摄雪花的经验，对于如何观察雪花、如何拍摄到一片精美的雪花，在器材准备、场所选择、拍摄技巧、注意事项等多个方面作了详细介绍。

本书适合想要了解雪花、观察雪花、拍摄雪花的读者参考。

图书在版编目（CIP）数据

如何观察一片雪花 ： 探索冬之精灵的隐秘之美 / 张福林著. -- 北京 ： 化学工业出版社，2025. 7. -- ISBN 978-7-122-48163-4

I. P426. 63-49

中国国家版本馆CIP数据核字第2025HX5599号

责任编辑：孙晓梅　　装帧设计：尹琳琳

责任校对：李雨晴

出版发行：化学工业出版社

（北京市东城区青年湖南街13号　邮政编码100011）

印　　装：北京宝隆世纪印刷有限公司

710mm×1000mm　1/16　印张15　字数181千字

2026年1月北京第1版第1次印刷

购书咨询：010-64518888　　售后服务：010-64518899

网　　址：http://www.cip.com.cn

凡购买本书，如有缺损质量问题，本社销售中心负责调换。

定　　价：128.00元

每一片雪花

都是天空写给大地的情书

用冰晶为墨

以寒风作笔

在坠落瞬间

绽放永恒的璀璨

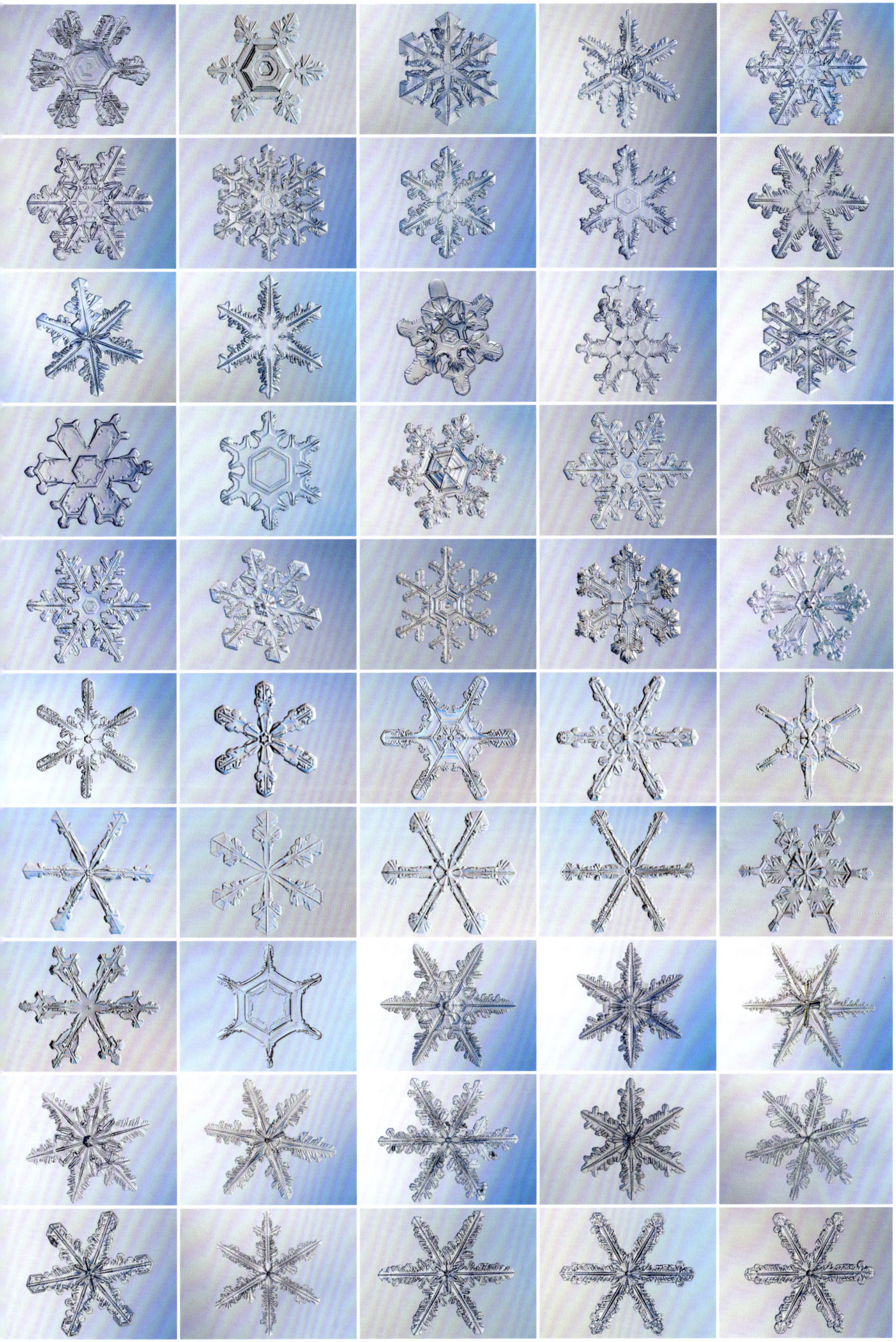

序

北风掠过结霜的窗棂，在玻璃上勾勒出朦胧的冰羽。当世界被寂静笼罩，那些来自云端的精灵正以最轻盈的姿态降落人间。每个冬季，都有亿万枚水晶雕琢的星辰坠向大地，却在触碰温暖的瞬间消融成水汽，如同被施了魔法的沙漏，将最精妙的几何之美封存在时间缝隙里。

这是人类肉眼难以捕捉的微观奇迹——每片雪花都是大气层馈赠的独版画作，六棱冰晶在零下十几度的寂静中生长出千变万化的枝丫，如同被低温凝固的交响乐章。自威尔逊·本特利在1885年将显微镜对准黑天鹅绒上的冰晶，按下相机的快门，人类便开启了与雪花缔结的视觉契约：在融化前几分钟的倒计时里，用载玻片承接飘落的晶体，在呼吸凝成的白雾中屏息对焦，让镜头代替视网膜收藏这些转瞬即逝的星际来信。

认识清茶兄缘于微距摄影，他在微距堆栈摄影领域是一位极富经验的前辈。在他的家乡长春，每年冬季来临，雪花成为了清茶兄最为重要的拍摄题材。但是并非每次降雪都是拍摄的好时机。雪花在不同的温度会生长成不同的形态，但如果温度过高，雪花落下后会在极短的时间内融化，这对于拍摄来说是一个极大挑战，因为雪花的尺寸通常很小，有些只有0.2mm左右，所以需要借助显微镜进行拍摄。然而显微镜的景深极浅，一张照片只能体现雪花表面一小部分清晰的画面，所以还需要对每一朵雪花像扫描CT一般，把雪花的每一个部分都进行拍摄，随后将这些照片合成一张完整而又清晰的最终图像，这就是堆栈摄影与景深合成技术。但是堆栈摄影过程是需要花一定时间的，也许需要几秒甚至十几秒，所以温度偏高时，雪花很容易在拍摄过程中就开始融化，这就要看拍摄时的运气，还有不怕麻烦的坚持。从清茶兄与我的聊天中得知，零下五摄氏度左右是雪花拍摄的分水岭，在低于这个温度时雪花落下后不会很快就融化，可以给拍摄留有一点时间，是拍摄雪花的最佳时机。然而北方冬季的寒冷，是我一个偏南方的人无法想象的。拍摄雪花的整个过程，都需要在野外进行操作，有时候为了接雪花和调整拍摄参数，只能脱去厚厚的手套后徒手操作，而且还要待上几个，甚至十几个小时，要是我也许就没有办法坚持下来了。但是看到清茶兄拍摄的晶莹剔透又极富艺术性的雪花，这一切又是那样值得。

本书讲述了雪花的形成过程、形态族谱、雪花与天气之间的关系等，书中收录了清茶兄拍摄的上千张雪花照片，是献给雪花爱好者的视觉盛宴。

在书中，清茶兄也详细介绍了拍摄雪花的详细过程，这对于喜欢微距摄影的朋友们是一个极好的启发。当然其实对于微距和显微摄影来说，世界万物皆可微，他们能呈现出我们肉眼所无法企及的细节和内容，也希望能有更多喜欢微距与显微摄影的朋友们，去发现和展示世界万物在微观层面的美。

微距摄影师

章叶飞（暮光）

前言

关于雪花，你知道多少?

当你抬头仰望那纷纷扬扬的落雪时，可曾想过，这些宛如来自天空的精灵，它们承载着大自然怎样的神奇与奥秘?

出于对微距摄影的喜爱，每当冬季降雪来临时，我都会用相机镜头去观察和拍摄雪花，几个冬季下来积累了大量各种形状的雪花图片。看着那一个个千变万化、晶莹剔透的美丽精灵，我对于观察和拍摄雪花更加喜爱和痴迷，对于了解和学习关于雪花的相关知识的愿望也更加迫切和强烈。于是，在观察和拍摄雪花的过程中，通过互联网及相关书籍，我对雪花有关的知识进行了大量学习和研读。

然而，互联网上找到的相关内容多数比较零散，相关的参考书籍也比较少。所以，我想把自己所学习掌握的雪花知识，结合自己几年间所拍摄的雪花图片，系统地展现给广大读者，在方便大家对雪花知识学习了解的同时，也能让广大读者欣赏到千变万化的雪花图片。同时，也有利于雪花知识的普及和传播，让更多的人了解雪花、认识雪花、喜欢雪花。

本书介绍了人类认识和了解雪花的过程。从开始只对雪花外观形态上的了解，直到后来掌握了雪花从高空中的水汽凝结，到在我们眼前翩然落下，这一段充满奇迹的生成及成长旅程。

雪花在其形成及生长的过程中，经受到温度、湿度、气流等多种因素的影响，呈现出令人惊叹的多样性。从简单精致的六角形板状晶、柱状晶到复杂绚丽的星形树枝雪花、蕨叶雪花等，每一种类型都是大自然这位神奇艺术家的独特笔触。然而，有些类型的雪花之间变化往往很微妙，很容易被我们忽视，但这也正是雪花的神奇所在。本书介绍的雪花分类知识，采用了大量的图片实例，将更有利于帮助广大读者认识这些雪花的独特身份。

雪花的美不仅在于其形态的婀娜多姿、变化多端，更在于捕捉它们的瞬间。要真正了解和认识雪花就要行动起来，用你手中所拥有的设备认真地去观察和记录一片雪花。本书结合笔者多年观察和拍摄雪花的经验，对于如何观察雪花、如何拍摄到一片精美的雪花图片，在器材准备、场所选择、拍摄技巧、注意事项等多个方面作了详细介绍，希望能给和我一样热爱观察雪花、拍摄雪花的读者朋友们一些参考。

由于笔者水平有限，书中疏漏之处在所难免，希望广大读者批评指正！

张福林

目录

第 1 章

冬天的乐趣

有人惧怕冬天，因为北方的冬天漫长而寒冷。花凋谢了，草枯萎了，大地没了绿色，河流结上了厚厚的冰。那些高大而挺拔的大树，纷纷脱掉绿装，低下头，臣服在呼啸的北风之下，人们不得不裹上厚厚的棉衣或羽绒服来抵御冬天的严寒。

有人喜欢冬天，也是由于它的寒冷，因为只有寒冷的冬天才会下雪。每当降雪来临，雪花从天空飘落，漫天飞舞的雪花瞬间落满树枝、屋顶、街道、山坡和田野。大地仿佛铺上了一层厚厚的雪花被，银装素裹，整个世界白茫茫一片，仿佛来到了童话世界。

此时，最高兴的是孩子们，他们三五成群地在雪中嬉戏，打雪仗、堆雪人、打陀螺、滑冰爬犁……

滑雪场也变得热闹非凡，来自各地的滑雪爱好者组成了浩浩荡荡的滑雪大军，享受着冬天带来的欢乐。

因为有了雪，北方的冬天变得洁白无瑕；因为有了雪，北方的冬天变得热闹非凡，给人们增添了更多的欢乐。

然而，当你在雪地上尽情享受着大自然带给我们的无限欢乐时，你可知道，这白茫茫铺满大地的白雪竟是由无数颗几毫米甚至更加微小的雪花组成的？而如此微小的雪花究竟是怎样形成的？长得又是什么样子？

人们对雪花的了解多数是通过网络、科普书籍等。很多人知道雪花是六角形的、世界上没有两片完全相同的雪花……但对于雪花到底是怎样形成的，它的形状到底有多少种，都是

什么样子，多数人都只是一知半解。即便是生活在北方，见惯了雪的北方人，对这方面的了解也不是很多，何况还有不少南方的朋友们根本就没有见过雪。除了人们因个人兴趣的原因，导致对有关雪的科普宣传关注和学习不够以外，雪花个体非常微小，用肉眼很难观察清楚，也是人们对其知之甚少的重要原因之一。

我是生长在我国东北的一名微距摄影爱好者，喜欢到户外的草地、树林里拍摄昆虫。然而，北方特殊的气候条件使得冬天可供拍摄的题材非常少，整个冬季无虫可拍。直到有一天，我喜欢上了雪花，拍摄雪花就成为了我的最爱，东北地区冬季寒冷的气候也为我拍摄雪花提供了得天独厚的条件。

冬季来临，我最期盼的就是降雪，经常在手机上翻看天气预报，盼望早日收到降雪的信息。每当降雪即将来临，我总是怀着无比兴奋和激动的心情，提前把观察和拍摄雪花的各项工作准备好。当雪花从天空飘落，无论天气多么寒冷，也无论白昼还是黑夜，我都会抓起相机，到漫天飞舞的雪花中去观察和探索这些来自天空的冬之精灵的奥秘。

因为喜欢雪花，我通过科普书籍及互联网对雪花相关知识进行了学习和了解；因为喜欢雪花，我购买和自制了一些拍摄雪花用的设备；因为喜欢雪花，我坚持几个冬季无间断地拍摄雪花。当通过镜头观察、欣赏和拍摄到那一颗颗晶莹剔透、千变万化的雪花时，一切的寒冷和痛苦都随风飘去，只剩下幸福的陶醉和喜悦。

第2章

雪花的观察和研究历史

雪花晶莹剔透，如同来自天空的美丽精灵，自古以来吸引着无数人去关注和探索。雪花是什么？它们从何而来？为何会呈现出花朵般精致的形状？

中国对于雪花的观察与探索

在中国，人们很久以前就已经开始关注雪花的结构。雪花又被称为“六出”，“六出”指雪花呈六角形，这个别名不仅体现了雪花的结构特征，也体现了我国古人对于自然现象的细致观察。早在2100多年前，西汉诗人韩婴在《韩诗外传》（成书于公元前150年前后）里写道：“凡草木花多五出，雪花独六出”，这是雪花呈六角形的最早的文字记载，比西方早了1000多年。

在我国历史上，关于雪花是六角形的记录还有很多，比如：北周诗人庾信在《郊行值雪》一诗中写道：“雪花开六出，冰珠映九光”；梁昭明太子萧统在《黄钟十一月》里写道：“彤云垂四面之叶，玉雪开六出之花”；唐代名将、诗人高骈在《对雪》里写道：“六出飞花入户时，坐看青竹变琼枝”；北宋政治家、词人韩琦在《雪》一诗里写道：“六花来应腊，望雪一开颜”（意思是见到腊月以前下雪，对农业生产非常有利）……

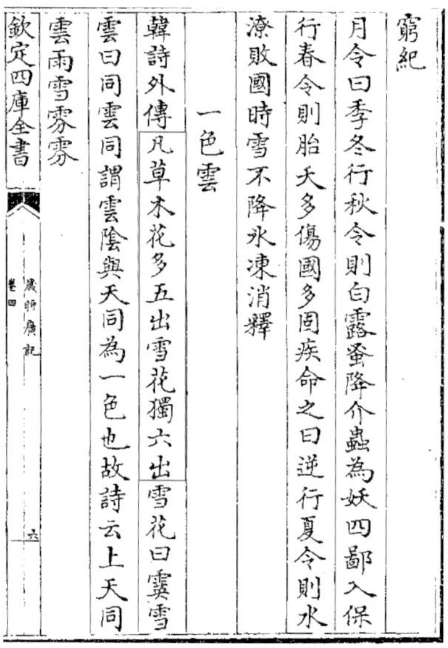
窮紀
月令曰季冬行秋令則白露蚤降介蟲為妖四鄙入保
行春令則胎夭多傷國多固疾命之曰逆行夏令則水
潦敗國時雪不降冰凍消釋
一色雲
韓詩外傳凡草木花多五出雪花獨六出雪花曰霙雪
雲曰同雲同謂雲陰與天同為一色也故詩云上天同
雲雨雪雰雰
欽定四庫全書 歲時廣記 卷四 六

《韩诗外传》关于雪花的描述

对于雪花为什么是六角形的，我国古人也曾尝试做出解释。比如东汉末年刘熙在其专门探求事物名源的著作《释名》中写道：“凡花五出，雪花六出，阴之成数也。”（在古人的阴阳五行观念中，奇数代表阳，偶数代表阴，它们认为雪花属阴，所以是六瓣）；宋代理学家朱熹在《御纂朱子全书》中也写道：“雪花所以必六出者，盖只是霰下被猛风拍开，故成六出。如人掷一团烂泥于地，泥必趱开，成棱瓣也。又六者阴数，太阴玄精石亦六棱，盖天地自然之数。”（雪花是六瓣的，可能是因为小冰粒在下落的时候被大风给拍开而形成的，就像摔在地上的烂泥会炸成瓣状一样。又因为六是阴数，水晶也是六棱的，六应该是天地自然之数，所以雪花是六瓣）。

我国古人还发现，雪花不仅仅有六角形，也有其他形状，这在我国古代的文学作品中也有记载。比如，元末明初施耐庵的《水浒传》中，描述了“地文星”萧让以阴阳之说解析雪花形态：“‘这雪有数般名色：一片的是蜂儿，二片的是鹅毛，三片的是攒三,四片的是聚四，五片唤做梅花，六片唤做六出。这雪本是阴气凝结，所以六出，应着阴数。到立春以后，都是梅花杂片，更无六出了。今日虽已立春，尚

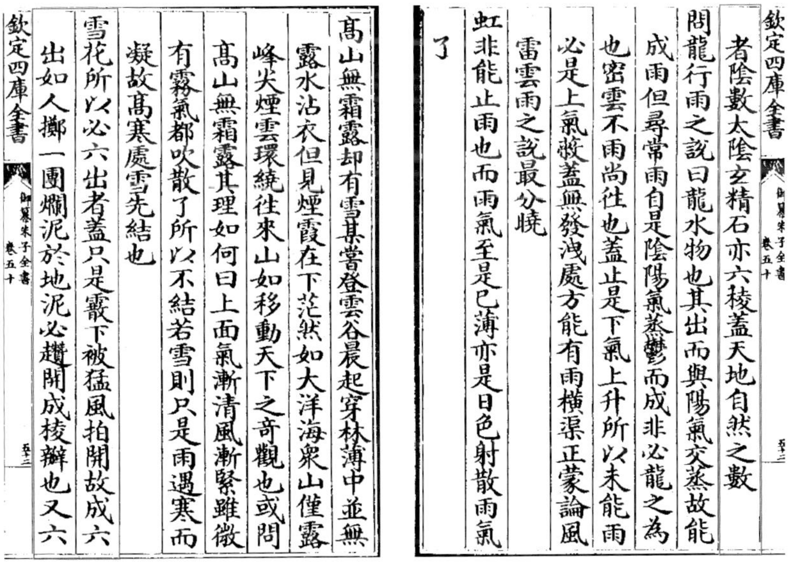
欽定四庫全書

御纂朱子全書 卷五十

高山無霜露卻有雪某嘗登雲谷晨起穿林薄中並無
露水沾衣但見煙霞在下茫然如大洋海衆山僅露
峰尖煙雲環繞往來山如移動天下之奇觀也或問
高山無霜露其理如何曰上面氣漸清風漸緊雖微
有霧氣都吹散了所以不結若雪則只是雨遇寒而
凝故高寒處雪先結也
雪花所以必六出者蓋只是霰下被猛風拍開故成六
出如人擲一團爛泥於地泥必趲開成稜瓣也又六

欽定四庫全書

御纂朱子全書 卷五十

者陰數太陰玄精石亦六稜蓋天地自然之數
問龍行雨之說曰龍水物也其出而與陽氣交蒸故能
成雨但尋常雨自是陰陽氣蒸鬱而成非必龍之為
也密雲不雨尚往也蓋止是下氣上升所以未能雨
必是上氣蔽蓋無發洩處方能有雨橫渠正蒙論風
雷雲雨之說最分曉
虹非能止雨也而雨氣至是已薄亦是日色射散雨氣
了

朱熹在《御纂朱子全书》中对雪花的描述

在冬春之交，那雪片却是或五或六。’乐和听了这几句议论，便走向檐前，把皂衣（注：指黑衣）袖儿，承受那落下来的雪片看时，真个雪花六出，内一出尚未全去，还有些圭角，内中也有五出的了。乐和连声叫道：‘果然，果然！’”明代唐锦在《龙江梦余录》中也写道：“草木之花皆多五出，而雪花独六出，先儒谓地六为水之成数，雪者水结为花，故六出。然至春，则雪皆五出”。这表明，我国古人已经通过观察发现了雪花形状的多样性。

国外对于雪花的观察与研究

国外关于雪花最早的记录出现于1555年：瑞典大主教奥劳斯·马格努斯（Olaus Magnus）在他所著的《北方民族史》（*Historia de Gentibus Septentrionalibus*,1555）一书的一张版画的右侧中描绘了各种形状的雪花，其中就有六角形的，除了六角形，还有三角形、铃铛形、手形、月牙形、箭头形等奇特的形状。学者们认为奥劳斯·马格努斯的这幅插画，是目前已知的人类关于雪花形状的最早图片记载。

国外关于雪花的记载虽然比中国晚很多，但伴随着十六世纪末的文艺复兴，欧洲的科学研究蓬勃发展，许多学者们开始用科学的眼睛去审视一切自然现象，对于雪花的观察与研究也随之活跃起来。

欧洲最早专注于解释雪晶结构并推理雪晶六重对称的是德国科学家约翰内斯·开普勒（Johannes Kepler，1571年—1630年）。1611年，开普勒出版了一本小册子《六角形雪花》（*Strena seu de nive sexangula*）。他写道，在暴风雪中横穿布拉格伏尔塔瓦河上的查理大

奥劳斯·马格努斯描绘的各种雪花形状的插图

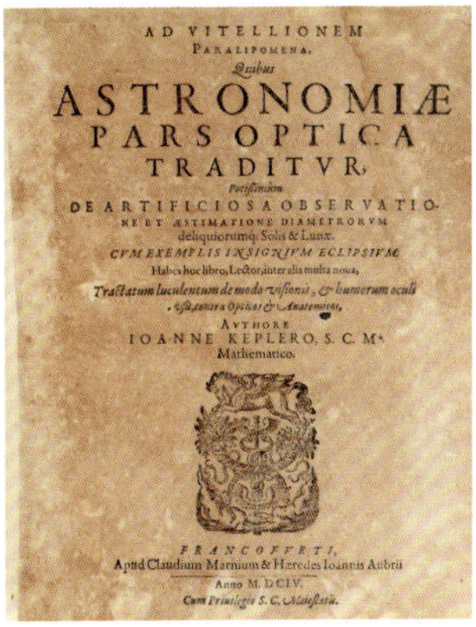

AD VITELLIONEM
PARALIPOMENA,
Quibus
ASTRONOMIÆ
PARS OPTICA
TRADITVR,
Potissimum
DE ARTIFICIOSA OBSERVATIO-
NE ET ÆSTIMATIONE DIAMETRORVM
deliquiorumq; Solis & Lunæ.
CVM EXEMPLIS INSIGNIVM ECLIPSIVM.
Habes hoc libro, Lector, inter alia multa noua,
Tractatum luculentum de modo visionis, & humorum oculi
usu, contra Opticos & Anatomicos,
AVTHORE
IOANNE KEPLERO, S. C. M^tis
Mathematico.

FRANCOFVRTI,
Apud Claudium Marnium & Hæredes Ioannis Aubrii
Anno M. DCIV.
Cum Privilegio S. C. Maiestatis.

《六角形雪花》小册子

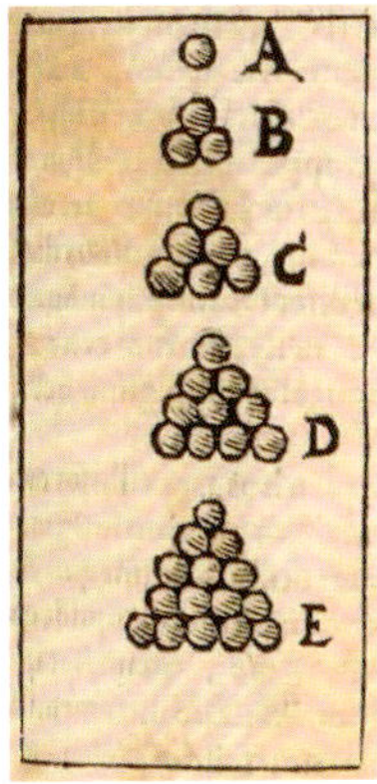

球堆积模型

桥时，他注意到袖子上落下一些雪花，由于近视，他近距离观察它们，发现虽然每一片雪花都不同，但都是六角形的，这不禁让他开始思考雪花形成六角形的几何形状的原因。他认为“雪花的六角形结构，背后必定有原因，这不可能是偶然”“这个原因不能通过材质寻找，因为水汽是无形且流动的，原因只能存在于某些机制中”。他推测，雪花的对称性与炮弹堆积在一起的时候呈六角图案有关联，进而试图用球体的堆积模型来解释雪花的六角形结构。虽然他最终没能得出合理的解释，但却开启了用球堆积模型理解物质特别是晶体之原子结构的先河。

“每株植物都有其独特的生命力，因为每株植物都是独立存在的，所以每株植物都有其独特的外形并不足为奇。但是，想象每个雪花都有一个单独的灵魂，这是完全荒谬的，因此雪花的形状绝不能像植物那样从灵魂的作用中推断出来。”

——约翰内斯·开普勒，1611

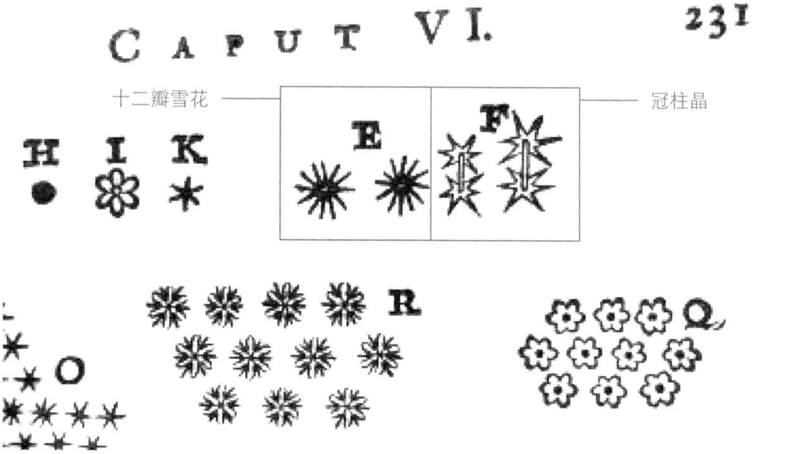

勒内·笛卡尔记录的肉眼观察的雪花

罗伯特·胡克手绘的显微镜下的雪花

1635年，法国哲学家和数学家勒内·笛卡尔（René Descartes）在他的著作《方法论》（*Discourse on Method*）中首次较为准确地记录了雪晶的形态，这已经是在肉眼观察下能做到的极限了。这些详尽的笔记包括了对冠柱晶和十二瓣雪花这两种相当罕见的雪晶的观察。

十七世纪中叶显微镜的出现，使人们可以更好地观察雪花。1665年，英国科学家罗伯特·胡克（Robert Hooke）在他的著作《显微图谱》（*Micrographia*）中手绘了一些显微镜下的雪花晶体结构。虽然当时的显微镜很原始，但胡克的手绘雪花图，首次揭示了雪花晶体结构的复杂性和精巧的对称性，这些都是我们无法用肉眼直接看到的。

这些小小的片状晶体，非常平整，非常光滑，非常透明，厚度大约相当于一张较厚的纸张的厚度……但它们却呈现近乎完美的六角形，它的六条边非常直，六个角完全相等，人类不可能制造出如此精确的东西……我无法想象在自由的空气中，在大风肆虐时，是什么力量让每个小雪晶上长出如此精确对称的六个角，直到最后我认为，正是风把这些小雪晶带到云层的上部或者下部，将它们固定在那里，因为它们非常小。在那里，它们不得不以这样的方式排列自己，即每一个小雪晶都被同一平面的另外六个小雪晶包围，遵循自然的普遍秩序。

——勒内 · 笛卡尔

“将一块黑色的布或一顶黑帽放置在飘落的雪花中，我常常带着极大的乐趣观察具有无穷无尽的奇特形状的雪，以至于要画出每一种雪的图案和形状是不可能的……”

——罗伯特 · 胡克

英国探险家威廉 · 斯科斯比（William Scoresby）在一次穿越北极的冬季航行中，绘制了一幅雪花草图，这幅图后来被收录进他1820年出版的《北极地区概述及北方捕鲸业的历史与描述》（*An Account of the Arctic Regions with a History and Description of the Northern Whale-Fishery*）一书里。这张草图中包括一个具有三重对称性的样本（图中的倒数第二个），这可能是人类首次记录到的三角雪花晶体。

威廉 · 斯科斯比绘制的雪花草图

十九世纪中期摄影技术的发明，更是将观察雪花提到一个新的高度。生活在美国佛蒙特州一个小镇的威尔逊·本特利（Wilson Bentley，1865年—1931年）搭建了一套独创的机器，把相机连接到显微镜上，开始用摄影作为媒介去观察和记录雪晶，并于1885年拍摄出了世界上第一张显微镜下的雪花照片。威尔逊·本特利在他的一生中拍摄了约5000张雪花图片，其中超过2000张在1931年发表在他的著作《雪花》（*Snow Crystals*）中。

20世纪中期，日本涌现出许多研究雪花的著名学者，其中最有代表性的是日本物理学家中谷宇吉郎（Nakaya Ukichiro，1900年—1962年），他是第一个对雪晶进行真正系统研究的人。他对雪晶进行了非常详细的一系列观察，涵盖了所有类型的冰降水，清晰地识别并分类了所有主要的雪晶类型。与本特利不同，中谷宇吉郎拍摄了各种雪晶类型，而不仅仅是那些最美丽和对称的。

正在拍摄雪花的威尔逊·本特利

正在拍摄雪花的中谷宇吉郎

威尔逊·本特利拍摄的美丽的雪花

中谷宇吉郎还在实验室中通过长时间的研究和反复的实验，制造出了世界上第一片人造雪花，这片雪花与在云层中形成的天然雪花惊人地相似。后来，他又通过控制变量温度和湿度制造出了更多的雪花。他仔细观察并记录每一片雪花的形态结构和细节特征是如何随其周围的温度与湿度的变化而变化的。最终，他把所有的实验观察结果绘制成了一幅图，即：雪花形态与温度湿度关系图，用来描述雪花形态与其生长环境的温度与湿度的关系，简称为“雪花形态图”，也叫作“中谷宇吉郎图”。

雪花形态图揭示了雪花与其周围的温度与湿度的关系，为人们理解雪晶形成的物理原理提供了极其重要的线索。有了这张图，我们就可以把雪花的形态结构及细节特征与温度和湿度相互联系起来。比如，板状晶通常在环境温度 −2℃或 −15℃左右的环境中出现，大型的、带分支的雪晶通常在温度 −15℃左右的时候出现。环境温度大约在 −6℃时，更容易出现柱状晶和针状晶。湿度对雪花的影响也是非常大的，湿度越低，雪花生长速度越慢，易生成简单的板状平面结构；湿度越高，雪花的生长速度越快，会迅速长出复杂的分支结构。

雪花形态图

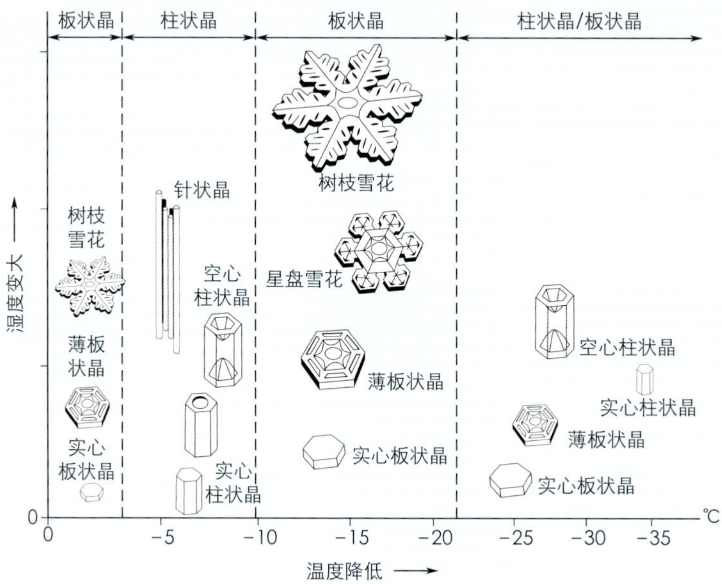

中谷宇吉郎的大部分工作成果在1954年以一本名为《雪晶：天然的与人造的》（*Snow Crystals: Natural and Artificial*）的书籍出版。

21世纪，美国加州理工学院的物理学教授肯尼思·利布莱希特（Kenneth Libbrecht）创建了雪花实验室，采用更先进的设备，系统地研究雪花的生长规律。他撰写了多本关于雪花的书，包括《雪花的答案：冰冻艺术中的科学》（*Snowflake: Winter's Frozen Artistry*）、《雪花的秘密生活》（*The Secret Life of a Snowflake*）、《雪花的艺术》（*The Art of the Snowflake*）、《肯尼思·利布莱希特的雪花野外观察指南》（*Ken Libbrecht's Field Guide to Snowflakes*）等。

为什么自然界的雪花呈六角结构呢？利布莱希特教授在他所著的《雪花的答案：冰冻艺术中的科学》一书中这样描述："雪花对称性的终极起源在于冰晶的结构，特别是其中水分子的规则排列。每个分子都由一个氧原子和两个氢原子组成，也就是我们熟悉的H_2O。三个原子以钝角形黏合在一起形成分子，进而连接成六角形。六角形呈六重对称，这种对称性最终体现在雪晶上。水分子的精确几何决定了冰晶的结构，这最终导致了雪花结构的六重对称"。

水分子在冰中呈
六角形晶格结构

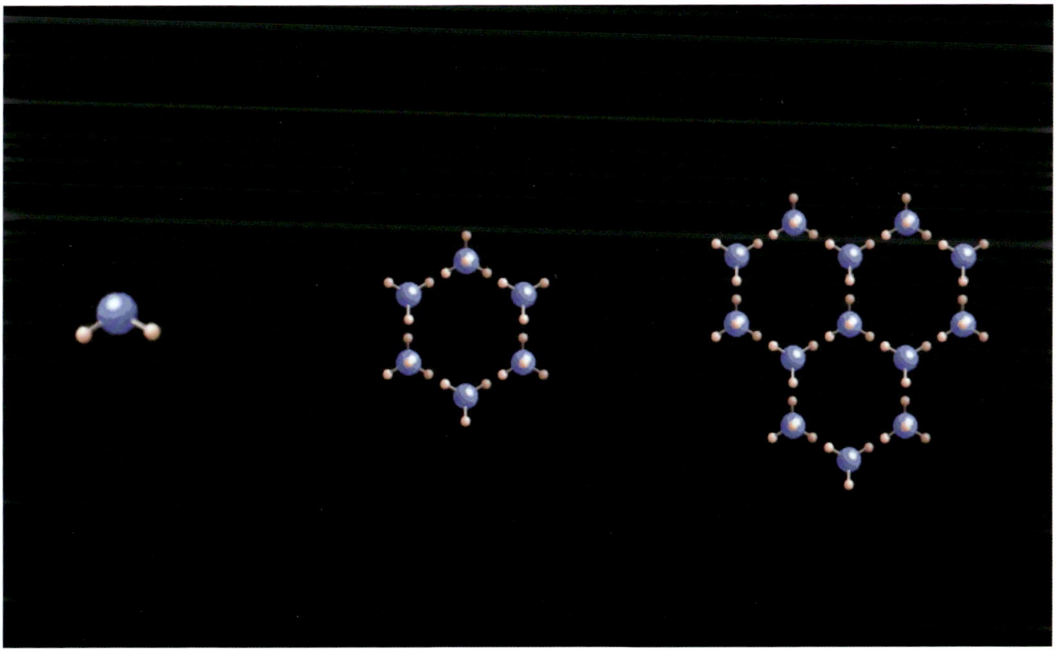

第 3 章

雪花的形成原理

雪花与雪晶

通常我们所说的雪花也叫雪晶，但严格上来讲，两者之间还是有区别的，雪晶，指的是单个的冰晶，而雪花则是一个总称，可以是单个的冰晶，也可以是若干个聚集在一起的冰晶。在描述雪花的生成原理及生长过程时，经常称之为冰晶或雪晶，在观察和拍摄时则更多地称之为雪花。

板状晶的形成

地球表面的水受太阳辐射的影响，不断蒸发化为汽，并进入大气。随着大气流动，一些水分子就会聚集到天空的某些区域，并呈现饱和状态。当某个区域的温度降到露点以下时，水分子会慢慢地聚拢在一起，形成一个一个的小水滴，这种现象被称为“结露”。这种现象在靠近地面的地方，会结成草上的露珠，而在高空，这些水分子就会形成无数个液态的小水滴。这些小水滴十分微小，直径大概只有10 ~ 20μm，可以在空气中悬浮。

此时，如果空气中非常干净，没有灰尘充当凝结核，即便温度继续下降，云层中的小水滴也不会结冰，而被称为过冷水。但云层中或多或少都存在一些微小的颗粒物，于是一部分过冷的小水滴会附着在这些颗粒物上，迅速凝结成小冰晶。于是，云层中会充斥着无数个小冰晶和过冷的小水滴。

虽然云层中有着无数颗小水滴，而且随着云层流动，这些小水滴不可避免地会发生碰撞，但却并不能使它们聚集成一个更大的水滴，这主要是因为水的表面张力会在一定程度上拒绝其他分子的“亲近”，从而使水滴保持相对稳定。而相对于水来说，冰的饱和水蒸气压更低，当水蒸气与冰晶相互作用时，相同温度下的水蒸气会过饱和。水蒸气将试图恢复平衡，因此多余的水蒸气会在冰晶表面凝华（直接由气态转为固态）。于是云层中的小冰晶会越长越大，进而形成雪晶胚。

当一个雪晶胚形成以后，环绕周围的水蒸气分子就会不停撞击到这个晶胚表面的各个地方，但它们更喜欢附着到表面上那些粗糙的点上。这是因为粗糙的点有很多悬着的分子键，可以抓住其他分子，而平整的表面要做到这一点则很难。于是粗糙的点迅速聚集了一些分子，很快就会黏着成一个相对稳定的冰棱柱体，这个六角形冰棱柱体含有上下两个基底立面和六个棱柱面。

雪晶胚。

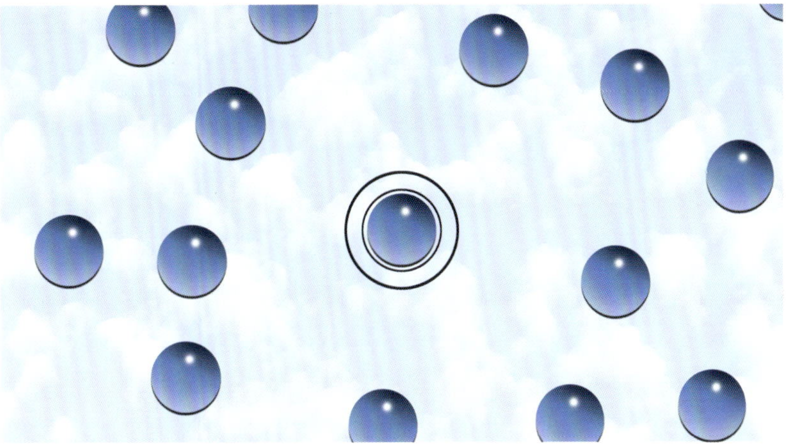

当水蒸气分子撞击到雪晶胚表面时，遇到粗糙的地方，它就倾向于黏着在雪晶胚的表面，之后，就会累积成一个完整的六角形棱柱体，这就是最简单的雪晶。

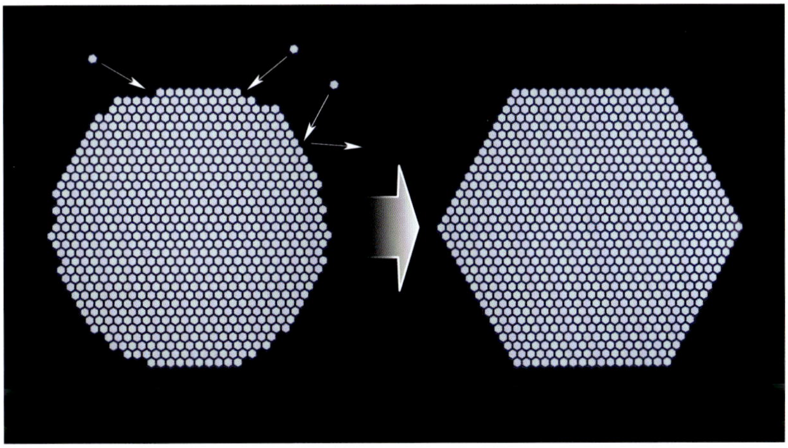

雪晶胚通过黏着周围的水蒸气分子形成六角形棱柱体。

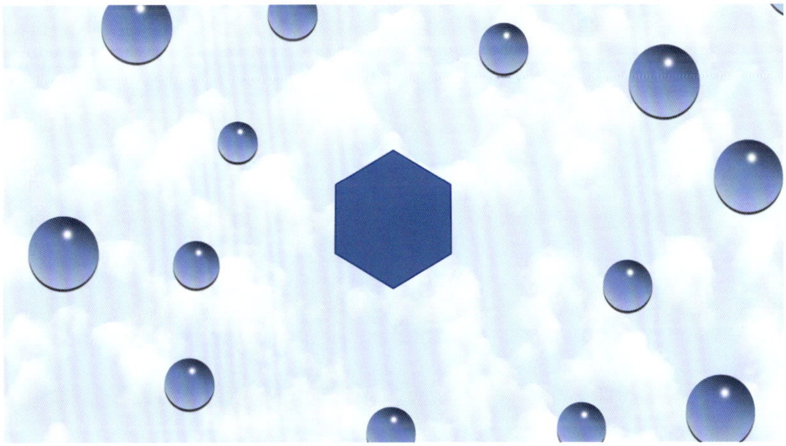

右图为最简单的六角形棱柱体雪晶。它们通常很小，很难用肉眼观察到。

光滑的六面棱柱状雪晶是绝大多数雪花开始时的样子。

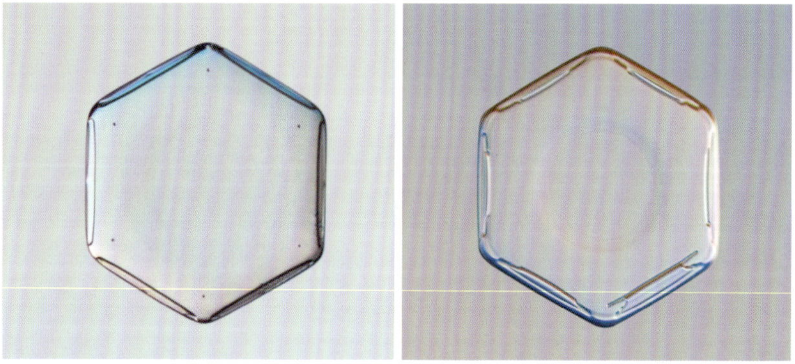

进一步生长的六面棱柱状雪花，表面开始出现各种各样的纹路，形成各种六角形板状晶。

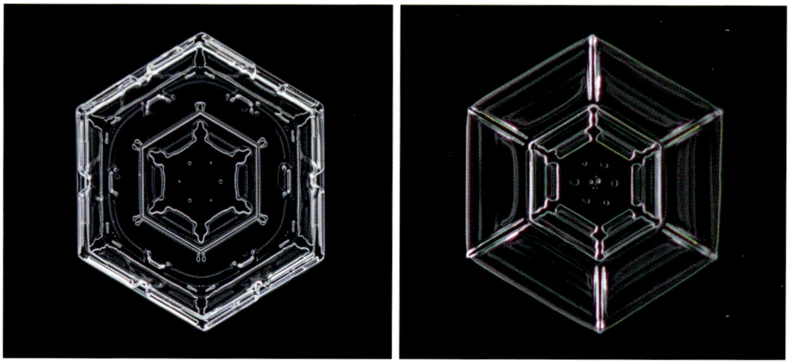

随着六面棱柱体雪晶越长越大，它的六个角的角尖就会最先接触到周围湿润的水蒸气，使得六个角的角尖吸收水蒸气的速度要快于冰晶的其他部分。因而冰晶在这六个角上的生长速度比其他部分更快，使得角尖部分越长越长，直到形成六个枝状的主分支，形成分支较简单的星盘雪花、扇形雪花等。

六面冰棱柱体的六个角由于最先接触周围的水蒸气分子，增长速度比其他部分更快，长成六个主分支。

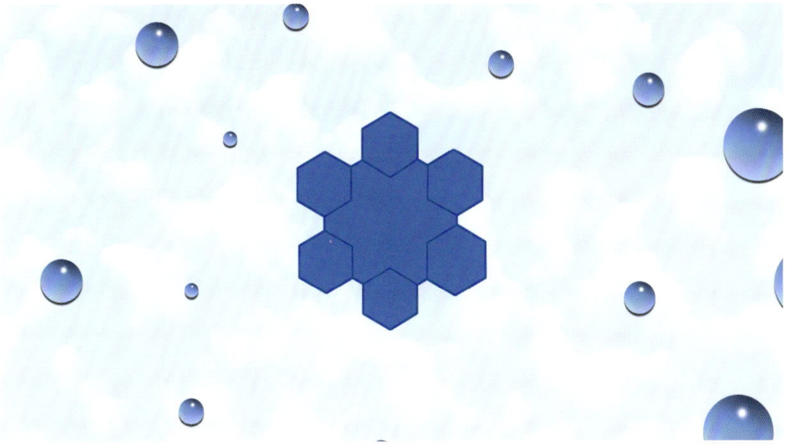

六个角上长出宽大的分支的星盘雪花。

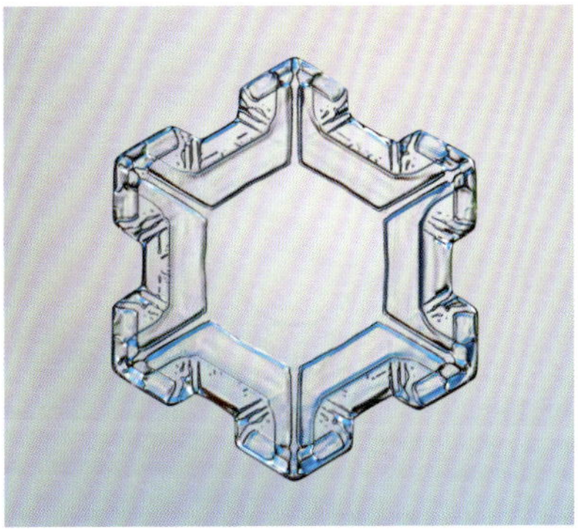

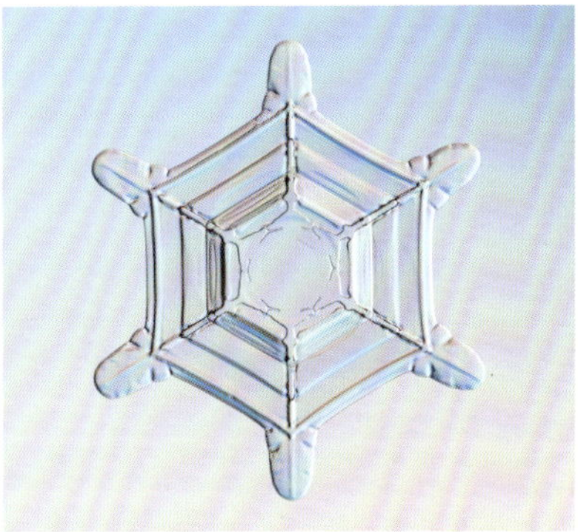

扇形雪花，这也是一种星盘雪花，不同的是，它在邻近的棱柱面之间长有独特的脊，指向边角。

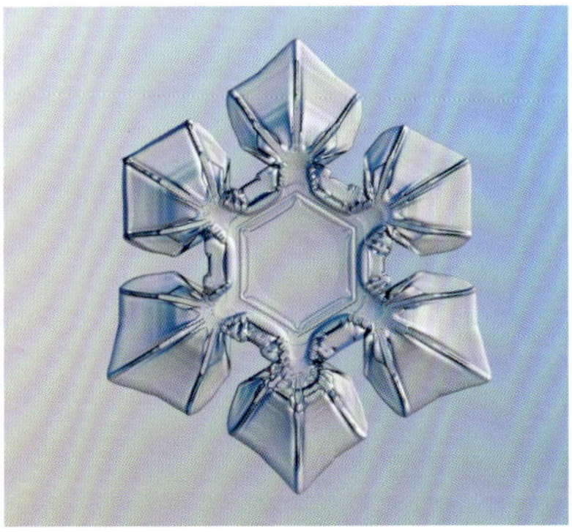

如果空气中的水蒸气分子及其他条件仍能满足雪晶的生长要求，主分支上又会长出分支，叫作次级分支或侧支，最终形成各种各样的板状晶。这些板状晶的分支形态各异且非常复杂，有的像蕨类植物的叶片，有的像圆形花瓣或扇子等，每一种都不尽相同！

雪晶的六个分支虽然都是单独生长，但因为它们的生长环境大致相同，所以六个分支通常都属于同一种类型，也就是说如果分支是扇形的，那六个分支就都是扇形的，不会出现其他类型。同时，雪晶在生长过程中对于周围环境的温度和湿度又极为敏感，极其微小的变化都会导致其形态发生改变，因而仔细观察会发现每个分支并非一模一样，因为天空中的雪晶在不停地运动着，各个分支接触的水蒸气以及其他生长条件或多或少存在一些差异和变化，这些差异和变化体现在雪晶整个生长过程中，使得没有两片雪晶生长历程完全相同，我们也就无法找到两枚完全相同的雪晶。

六个主分支继续生长，长出许多次级分支。

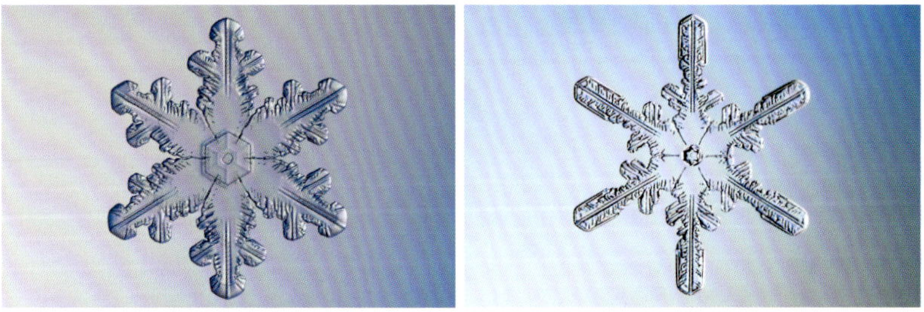

六个主分支上长出侧分支的星状雪花。

笔者拍摄的各种充满对称美感的板状雪晶

柱状晶的形成

冰晶在空气中受水蒸气分子的撞击而生长，其生长方向有两个，一个是沿棱柱面的方向生长，一个是沿基底立面的方向生长。而多数时候冰晶沿棱柱面方向生长的速度更快，而沿基底立面方向生长的速度较慢。所以，冰晶最初的形态就是个扁平的六角形冰棱柱。然而，随着冰晶的继续生长和其生长环境的变化，有时冰晶沿棱柱基底立面方向生长得会更快，从而形成六角形柱状晶。在某些条件下，这种柱状晶会在基底立面生长出板状结构而形成冠柱状晶。

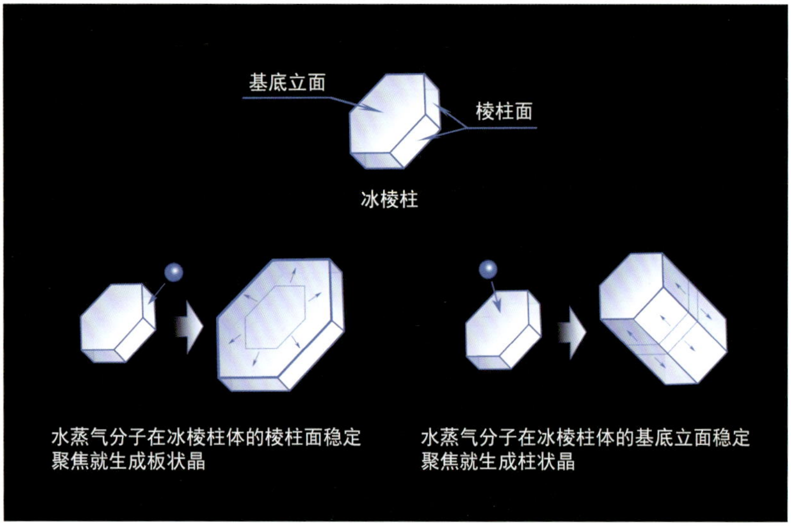

柱状晶

冠柱状晶

自然界的雪晶的形成与生长，没有设计图纸的参考与引导，也没有AI模型辅助与人工干预，更不是出自某些尖端的精密仪器，但它们却长出了令人惊叹的形态及优美的图案。这一切，都是来自大自然的精雕细琢，每一枚雪晶都是大自然精心打造的“艺术品”。每当降雪发生，它们就从天空飘落，等待我们去欣赏，去探索！

并非所有的雪花都具有完美的六角对称性，下面这些雪花告诉我们，在它们的生长发育过程中，各个分支所处的环境条件并不完全相同，或多或少存在着某些差异，造成六个分支生长发育并不均衡，形成了各种不规则的分支形态。

不规则的雪花

第 4 章 雪花的分类

雪花到底有多少种类型？最为笼统的分类可以把雪晶分为板状晶、柱状晶及二者的组合。更详细的分类就没有标准答案了，因为雪花的分类没有统一的标准，各种分类方法也各有长处和不足。

目前，雪花的分类方法主要有以下几种。

1.
国际分类法

1951年国际冰雪委员会对固态降水提出了一套国际分类标准。这种分类法将雪花分为7类：板状晶、星形晶、柱状晶、针状晶、立体枝状晶、冠柱晶及不规则冰晶。后来又补充了3种分类：霰（软雹）、小冰丸（冻雨）及冰雹，共计10类。国际分类法虽然简单明了，却不够细致和丰富。

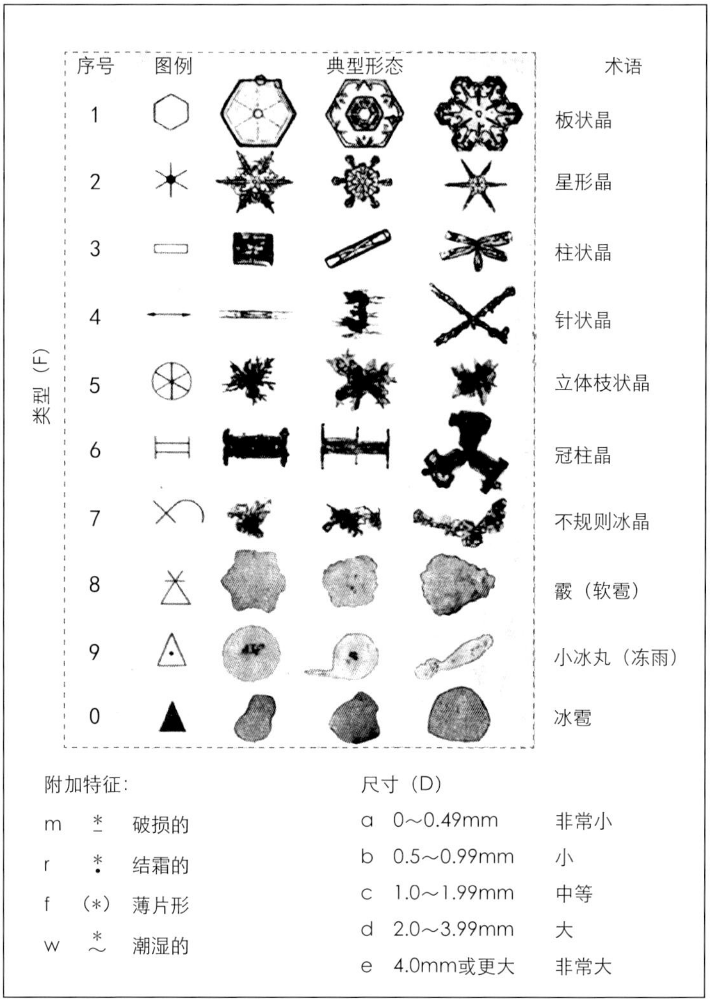

雪花的国际分类法图

2.

中谷分类法

日本物理学家中谷宇吉郎先生，不仅通过雪花形态图揭示了雪晶形态与其周围生长环境中的温度与湿度的关系，而且对雪花分类也进行了系统分析和研究，并提出了一套较为科学的雪花分类方法，简称中谷分类法，共计把雪花分为41种类型。他先是把雪花分为7个大的类别，再根据不同大类的具体情况继续细分类别，有些细分的类别还进行了再次细分。与雪花国际分类法相比，中谷分类法对于雪花的分类更为科学、系统和完善。

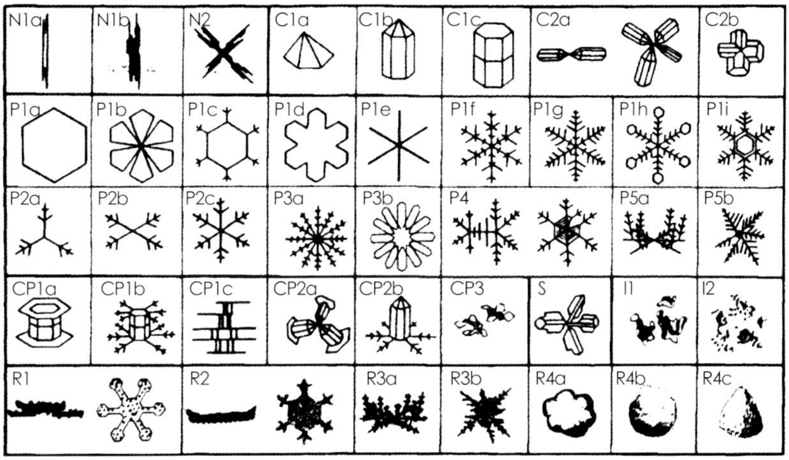

中谷分类法图

N：针状雪晶

N1a：针状晶

N1b：针束状晶

N2：组合针状晶

C：柱状晶

C1a：棱锥状晶

C1b：子弹状晶

C1c：棱柱状晶

C2a：组合子弹状晶

C2b：组合棱柱状晶

P：板状晶

P1：沿一个平面生长的规则板状晶

P1a：六角板状晶

P1b：扇形雪晶

P1c：带枝六角板状晶

P1d：宽枝六瓣花状雪晶

P1e：星状六瓣花状雪晶

P1f：枝状六瓣花状雪晶

P1g：蕨叶状六瓣花状雪晶

P1h：末端带有六角板状冠的枝状雪晶

P1i：有枝状延伸结构的六角板状雪晶

P2：末端带有不规则分支数目的雪晶

P2a：三瓣花状雪晶

P2b：四瓣花状雪晶

P2c：上下组合的六瓣花状雪晶

P3：十二瓣雪晶

P3a：蕨叶状十二瓣花状雪晶

P3b：宽枝状十二瓣花状雪晶

P4：形状不规则的六瓣花状雪晶

P5：立体雪晶

P5a：立体六瓣花状雪晶

P5b：立体放射状雪晶

CP：板状晶与柱状晶的组合

CP1a：带有板状冠的柱状晶

CP1b：带有枝状冠的柱状晶

CP1c：多重冠柱状晶

CP2a：带有板状冠的组合子弹状晶

CP2b：带有枝状冠的子弹状晶

CP3：不规则的板柱组合状晶（粉雪）

S：带侧边结构的组合柱状晶

I：不规则雪晶

I1：冰粒　I2：雹粒

R：结霜雪晶

R1：带霰粒的各种晶体

R2：带霰粒的厚板状晶

R3a：霰状雪（六瓣花状）

R3b：霰状雪（团块状）

R4a：霰（六瓣花状）

R4b：霰（团块状）

R4c：霰（圆锥状）

3.
孙野长治和李柾雨分类法

继中谷宇吉郎之后，日本气象学家孙野长治和李柾雨也对雪晶进行了长期的观察和研究，并对中谷分类法中存在的不足进行了补充和完善。他们认为，中谷分类法对于简单且规则雪花的描述非常完美，但对于不规则或带有装饰的雪花的描述则过于简单，存在不足。

	N1a 针状晶	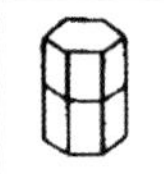	C1f 空心柱状晶	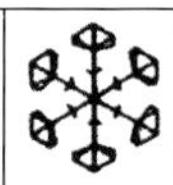	P2b 带扇形顶部的星状晶
	N1b 针状晶束		C1g 实心厚板状晶	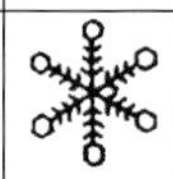	P2c 带宝石状顶部的树枝雪花
	N1c 鞘状晶	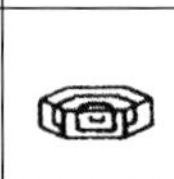	C1h 带骨骼结构的厚板状晶		P2d 带扇形顶部的树枝雪花
	N1d 鞘状晶束	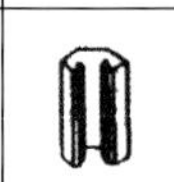	C1i 卷轴状晶	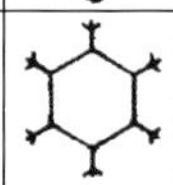	P2e 带简单外延的板状晶
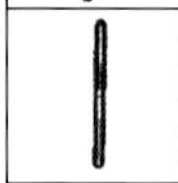	N1e 实心柱状晶		C2a 子弹形雪晶组合	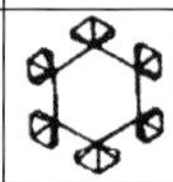	P2f 带扇形外延的板状晶
	N2a 针状晶组合	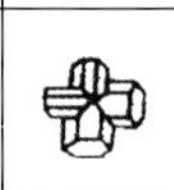	C2b 柱状晶组合	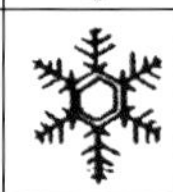	P2g 带树枝状外延的板状晶
	N2b 鞘状晶组合	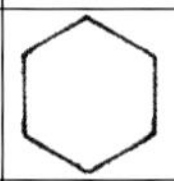	P1a 六角形板状晶	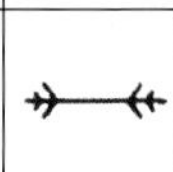	P3a 两瓣雪花
	N2c 实心柱状晶组合	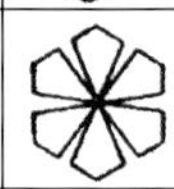	P1b 带扇形分支的雪晶	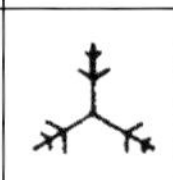	P3b 三瓣雪花
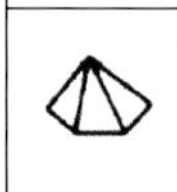	C1a 金字塔形雪晶		P1c 宽枝雪晶	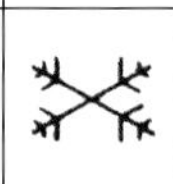	P3c 四瓣雪花
	C1b 杯状晶	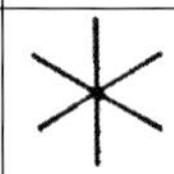	P1d 星状晶	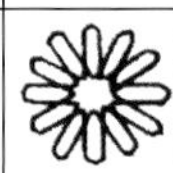	P4a 十二瓣宽枝雪花
	C1c 实心子弹形雪晶		P1e 树枝雪花	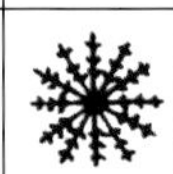	P4b 十二瓣树枝雪花
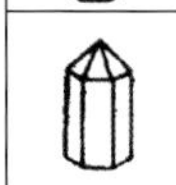	C1d 空心子弹形雪晶		P1f 蕨叶雪花	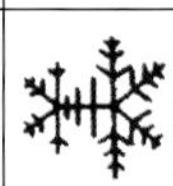	P5 异常雪花
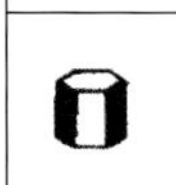	C1e 实心柱状晶	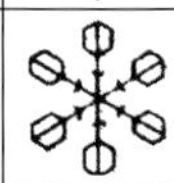	P2a 带宝石状顶部的星状晶	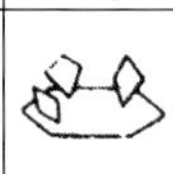	P6a 带立体板状结构的板状晶

在对中谷分类法进行了无数次的修正和补充后，他们于1966年创立了一套非常专业的雪花分类法，简称孙李分类法，把雪花分为80种不同类型。

续表

P6b 带立体树枝结构的板状晶	CP3d 带卷边顶端的板状晶	R3c 带未结霜外延的霰状雪
P6c 带立体板状结构的星状晶	S1 带侧边结构的柱状晶	R4a 六角形霰
P6d 带立体树枝结构的星状晶	S2 带鳞状侧边的柱状晶	R4b 块状霰
P7a 板状晶的辐射状积聚	S3 侧边结构、子弹形和柱状晶组合体	R4c 锥状霰
P7b 树枝雪花的辐射状积聚	R1a 结霜针状晶	I1 冰粒
CP1a 带板状末端的柱状晶	R1b 结霜柱状晶	I2 结霜颗粒
CP1b 带树枝末端的柱状晶	R1c 结霜板状晶或扇形雪花	I3a 破损分支
CP1c 多重冠柱晶	R1d 结霜星状雪花	I3b 结霜破损分支
CP2a 带板状末端的子弹积聚	R2a 密集结霜板状晶或扇形雪花	I4 杂乱颗粒
CP2b 带树枝末端的子弹形雪花	R2b 密集结霜星状雪花	G1 微型柱状晶 G2 初期骸晶
CP3a 带针状末端的星状雪花	R2c 带结霜立体分支的星状雪花	G3 微型六边形片状晶
CP3b 带柱状末端的星状雪花	R3a 六角形霰状雪	G4 微型星状晶 G5 微型片状晶聚合
CP3c 带卷边顶端的星状雪花	R3b 成块霰状雪	G6 不规则初期雪晶

孙李分类法

4.
肯尼思·利布莱希特分类法

21世纪，美国加州理工大学的肯尼思·利布莱希特教授，依据他多年观测和拍摄到的雪花形态，把普遍存在且容易观察和拍摄到的、外观特点鲜明的、各种雪花分类表里都能见到的雪花分为35种类型。

肯尼思·利布莱希特
雪花分类法图

上述几种雪花分类方法，是目前人们了解雪花、认识雪花的基本分类方法。有的方法简单明了，有的则相对复杂细致，但无论是哪一种分类方法，都无法将所有雪花归纳进去。因为雪花的形态随生长环境千变万化，有时一枚雪花在具有某种类型雪花特征的同时，还兼有其他类型雪花的特点。还有，雪花在生长过程中有时会从一种类型生长演变成为另一种类型，这种变化有时会非常微小，很难区分。有些雪花要把它准确地划归到哪一种类型确实不是一件很容易的事情，因此，总会有一些雪花无法确定将它们划分到哪一类更合适。这也正是雪花的迷人之处，微小精湛，变化无穷。

从事相关专业工作及致力于雪花研究的人员，更喜欢采用分类相对复杂细致的孙李分类法，更有利于研究和探索。而对于非专业人员，特别是以观察及摄影为主的人员，简洁明了的肯尼思·利布莱希特分类法或中谷分类法更实用，更易于掌握。

第 5 章

如何观察一片雪花

1. 肉眼观察

降雪是有偶然性的事件，我们可能在上下班途中突然遇到一场降雪，这时，我们可能没有随身携带相机，单凭肉眼进行观察又很难，如果你随身携带有一个放大镜，那就可以随时观察雪花。当然现在随身必备的手机也是我们观察雪花的利器，手机不但可以进行观察，还能拍摄。

雪花非常微小，一旦落到地上就会隐身在茫茫白雪之中，再想要观察到一片单个的雪花几乎是不可能的。想要观察雪花，首先要获取单个漂亮的雪花，最简单的方法是用我们穿的深色的毛衣或戴的围巾、手套等绒毛制品去收集雪花，当发现有完整漂亮的雪花时，就迅速移到眼前用放大镜或用手机微距功能进行观察。由于毛衣、围巾、手套等上面的绒毛可以起到一定的固定雪花的作用，这样雪花不但不易被风吹走，观察的角度也更灵活多变。这种观察方法简单快捷，不受条件限制，是观察雪花的常用方法。

其实很多物体的表面都可以用来收集雪花，如树叶、木板、石头片、硬纸板、PVC 板等。用这些物体收集雪花，很适合用肉眼借助于放大镜或手机观察雪花，也适合手持相机或手机拍摄雪花。下面是用笔者用毛绒制品收集并拍摄到的雪花。

用毛围巾收集到的一些美丽的星形树枝雪花。

用毛围巾收集到的星形雪花。

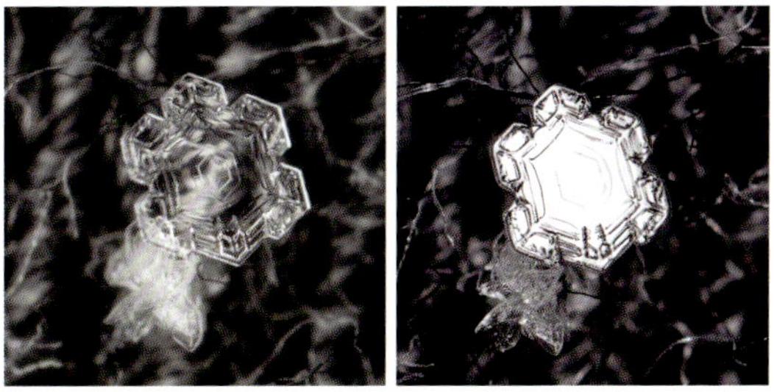

用毛围巾收集的星盘雪花。调整光线方向可以得到不同的拍摄效果，这是两种不同光线的效果。

用黑色的毛绒护腿收集的实心柱状晶。

用黑色的毛绒护腿收集的双层板状晶，下面是星形板状晶，上面是六角形板状晶。

用浅灰色毛手套收集的六角形板状晶。

2.
用专业设备观察和拍摄

想要观察到雪花千变万化的形态与细节，最好的办法是使用一些专业的设备，如带有微距拍摄功能的手机、相机加微距镜头、适合的显微物镜转接相机、专门的显微镜等。这些设备不但可以观察雪花，还能把雪花清晰地拍摄记录下来，可供后续随时进行观察欣赏或分享给更多没有办法直接观察和拍摄雪花的人，让他们也能观察欣赏到雪花晶莹剔透和千变万化的身姿。

我从2019年冬季开始观察和拍摄雪花，用过放大镜和手机观察雪花，也用显微物镜转接相机拍摄过雪花，更多的时候是用相机加微距镜头拍摄雪花。曾经手持相机拍摄雪花，也曾使用三脚架辅助拍摄，后来为了适应显微物镜转接相机拍摄雪花，自己专门制作了拍摄雪花的工作台。

用相机转接三丰10x显微物镜拍摄的雪花。

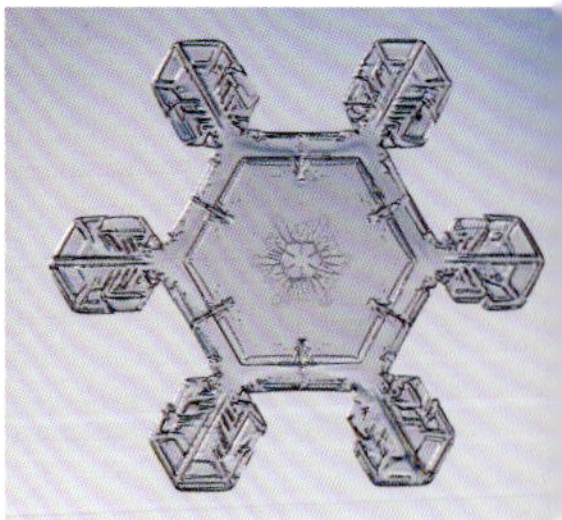

用相机 + 微距镜头拍摄的雪花。

用显微物镜转接相机拍摄雪花，清晰度更高，雪花的结构细节表现得也更好，但景深较浅，往往需要多张照片进行图像堆栈才能得到完全清晰的雪花图像，使用起来不够方便。用相机加微距镜头拍摄雪花可以获得更好的景深，多数雪花只需拍摄一张，并且微距镜头调整倍率更方便快捷。缺点是清晰度和细节表现没有显微物镜好。用手机拍摄雪花方便快捷，从目前的手机性能来看，拍摄雪花应该没有问题，将来手机一定会成为拍摄雪花的主要设备之一。很遗憾，本人只是用手机观察雪花，目前还没有使用手机拍摄过雪花。

两枚雪花的中心特写。

使用哪种设备拍摄雪花因人而异，但其最终目的都是一样的，一是要在拍摄雪花时便于操作和使用，二是要能获得清晰完美的雪花图像。

为了让更多的人参与到观察和拍摄雪花的队伍中来，我结合几年来观察和拍摄雪花的经历，对于如何观察和拍摄雪花，与大家分享以下几点。

（1）准备工作

降雪时，室外温度很低，可达摄氏零下几度、十几度，甚至摄氏零下二十几度，大地上刮着凛冽的寒风，天空飘着雪花，这样的天气，不用说长时间在外面拍摄雪花，就是在外面站上一段时间，一般人也是难以忍受的。在这种环境下拍摄雪花是个挑战，没有充分的心理准备和坚强的毅力是不行的，半途而废拍不成雪花。

对拍摄雪花有了清醒的认识和足够的心理准备，坚定了拍摄雪花的决心，还要准备好御寒的衣物和用品，做好个人防护，以防冻伤。

关于如何做好个人防护并没有统一的标准，只要做到自己不冷、不被冻伤就可以，这里我结合自己的经验及互联网上推荐的方法给出如下建议。

上身穿保暖内衣+厚的抓绒上衣+厚羽绒服，下身穿厚的羊绒裤或羽绒裤+牛仔裤或厚的户外防风裤。羽绒服和羽绒裤是很好的选择，既轻便又保暖，但羽绒服最好是半大的那种，不要太长，因为拍摄时要经常蹲下、站起，太长的会不太方便。

根据经验，除了身体保暖和防护以外，在户外最容易冻伤的是手脚和耳朵，耳朵有绒线帽和羽绒服自带的帽子基本就可以保暖，手脚的防护最为关键。脚部建议穿加绒的厚袜子+防水防滑毛靴子或雪地大头鞋，另外贴暖足贴也可以起到一定的暖足作用。手的防护比较麻烦，戴上羽绒手套当然可起到防护作用，但是会影响对设备操控的准确性和速度，只有裸手操作才最快速、最精确。所以，手的防护经常要在戴手套和裸手之间来回切换。当然手也是我们身体最抗冻的部位，只要注意不是长时间裸露在外面，间断的裸手操作是完全可以的。

深色的毛围巾、羽绒手套、绒线帽不但可以对颈部、手部和头部起到很好的防护作用，如果需要，随时可以用来收集雪花并进行观察或拍摄。

保暖内衣　厚抓绒上衣　厚羽绒服　厚的羊绒或羽绒裤　牛仔裤或厚的户外防风裤

深色毛绒围巾　深色羽绒或毛绒手套　深色绒线帽　加绒厚袜子　防水防滑毛靴子或雪地大头鞋　暖足贴

（2）拍摄器材

拍摄器材可以根据个人的实际情况进行选择。如果手里有现成的拍摄器材，都可以充分利用，适当的补充和添置即可。

拍摄雪花对器材要求并不是很高。一台普通的单反或微单相机，配上一支放大倍率相对较高的微距镜头就可以拍摄雪花。镜头放大倍率1~10x左右基本可以拍摄到绝大部分的雪花，当然镜头倍率略低一些也是完全可以拍摄的。

由于雪花很小，较高的拍摄倍率才能获得清晰的雪花图像，展现雪花的精美结构，建议最好使用三脚架辅助拍摄，也可以自己制作拍摄平台辅助拍摄。当然，在光线条件好或利用闪光灯补光，手持相机很稳定的情况下，手持拍摄也是完全可行的。

降雪经常会发生在夜间，为成功拍摄和获得更清晰的图像，闪光灯是必备的。闪光灯可以用单灯、微距双头灯、三头灯等，当然也可以使用常亮灯作为光源，但常亮光源可能会使拍摄区域环境温度升高，造成雪花过快融化，进而影响雪花拍摄，同时，常亮光源在户外拍摄时电源供应也是需要解决的问题，而闪光灯则多备些电池即可。本书中的绝大部分雪花都是采用单闪光灯模式拍摄的。

注：以下8张图片是用相机加三丰5x显微物镜拍摄的雪花。

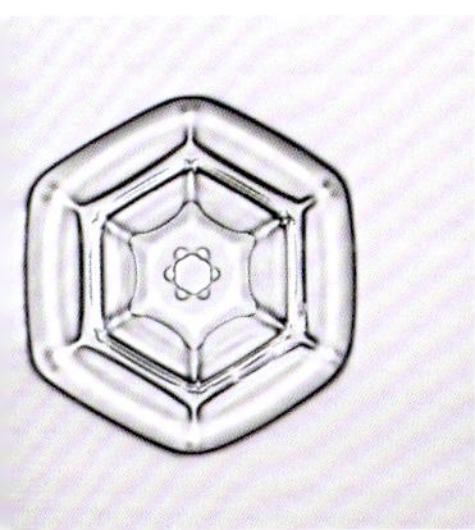

六角形板状晶

扇形雪花

扇形雪花

星盘雪花

星形树枝雪花

本书中的雪花图片所使用的拍摄设备包括：佳能EOS R和佳能M6 Mark Ⅱ微单相机，佳能MP-E65mm f/2.8 1-5x微距镜头，佳能Extender EF 2x Ⅲ增倍镜，三丰5x、10x显微物镜及附属转接配件，佳能600EX Ⅱ-RT闪光灯，三脚架，微距步进导轨及控制系统等。

以下图片是用相机加微距镜头拍摄的雪花。

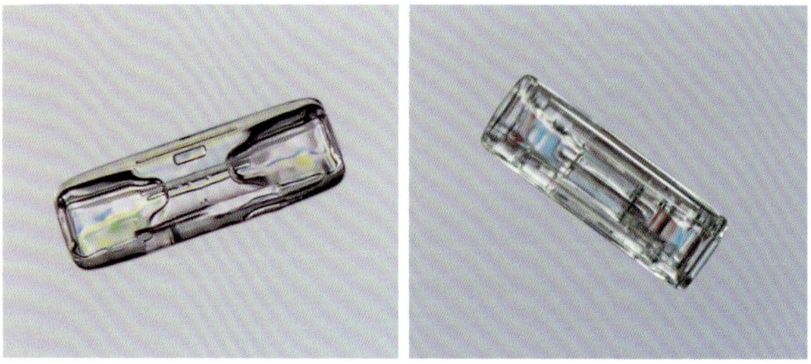

柱状晶

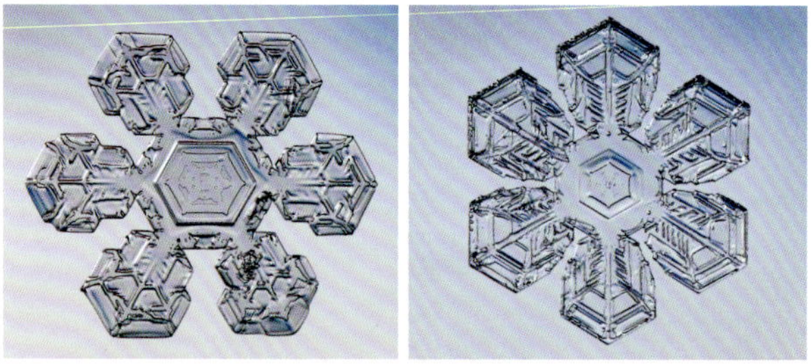

扇形雪花

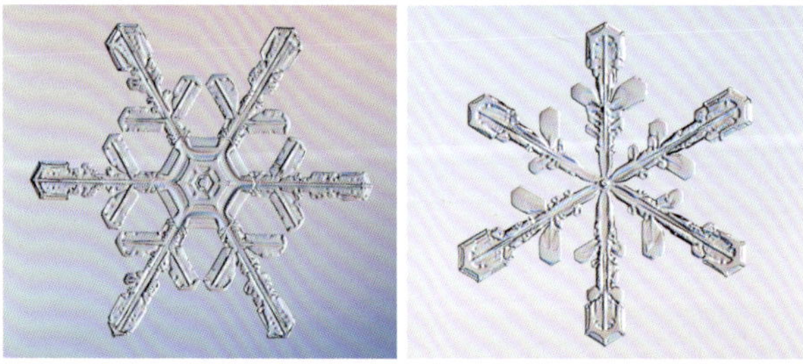

星形树枝雪花

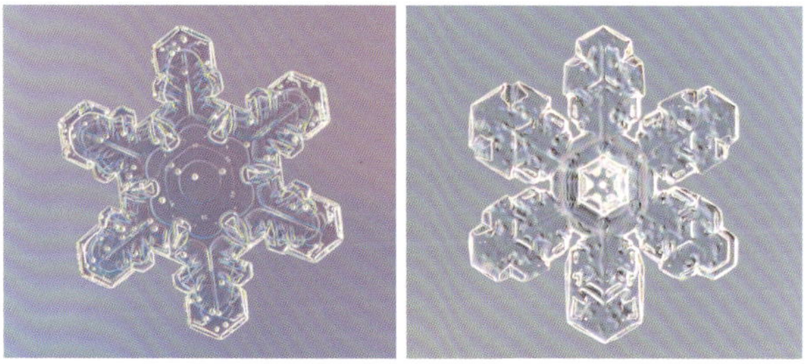

星形雪花

拍摄雪花还需要一些其他辅助设备，如自制的拍摄平台，用于固定相机，使其更加稳定，便于使用更高倍率的镜头进行拍摄。

自制的雪花拍摄平台，可设计好图纸后在网上下单定制，到货后自己组装。

准备一个放大镜，用来挑选和观察雪花十分方便。挪移雪花时需要软毛笔刷，清理载玻片和玻璃板时要用到塑料尺子，当一块玻璃收集板上没有可拍摄的雪花或是拍摄结束后，要把上面的雪花清除掉才能重新开始收集雪花，我的经验是用塑料的尺子把雪花刮掉是最快速和干净的。收集及拍摄雪花用的载玻片、玻璃板、深色硬纸板、毛围巾、毛手套等，以及彩色背景纸等都是拍摄雪花常用的配件。

一切准备就绪，只等雪花从天空飘落，就可以亲自去体验拍摄雪花的美好时光了。

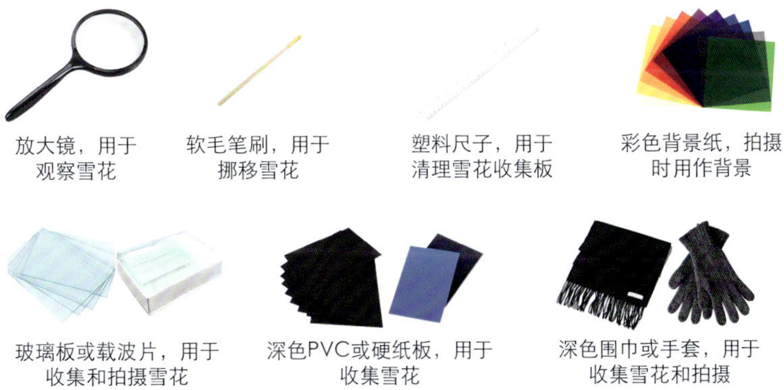

拍摄雪花使用的部分配件。

（3）拍摄地点

拍摄雪花对地点的要求并不严格，许多地方都可以作为拍摄雪花的场所。可以在小区里，也可以去附近的公园或更远的野外。雪花很小、很脆弱，易于升华和融化，更易被风吹走。无论在哪里观察和拍摄，都要选择一个温度较低，不易造成雪花过快融化，相对避风，雪花不会轻易被风吹走，且容易收集到雪花的地方，还要方便拍摄器材的架设及辅助配件的摆放和使用。

去公园里拍摄雪花是个不错选择，里面的凉亭不但可以遮风避雪，还方便架设相机脚架或拍摄平台等设备，也方便放置辅助配件等物品。选择一个离家较近的公园，来去也方便。凉亭里如果铺有木地板，三脚架不要架在上面，因为木地板有弹性，在上面轻微的走动都会影响拍摄，要把三脚架架在凉亭旁边的地面上。缺点是多数凉亭没有电源，长时间拍摄时，设备持续供电是个难题。也可以选择在公园的卫生间旁，可以避风，条件好些的卫生间还有电源，方便设备供电，太冷时还可以进去保暖。

公园里的亭子1

公园里的亭子2

可以选择在小区里拍摄，离家近，供电保暖问题都方便解决。缺点是人员流动大，有时会影响拍摄。

家里如果有一个开放的阳台或有一个花园，也可以在阳台或花园里拍摄。但在阳台上拍摄，环境温度还是会高一些，雪花易融化。

拍摄地点可以选择在野外，没有了城市热岛效应的影响，可能更容易收集到完美的雪花，但也要寻找和选择一个适合拍摄的场所，如废弃的房屋、矿场等。另外，野外拍摄时个人安全和保暖及设备供电问题都需要注意和解决。

不管在哪里拍摄，配备一个户外移动电源都可以省去供电和照明的烦恼。

拍摄地点可以根据实际情况选择，无论选择在哪里拍摄，都会有可爱的雪花等待着你。

（4）如何获取和拍摄单个雪花

前面已经提到过，深色的毛围巾、毛手套、绒线帽、玻璃板、载玻片、深色的硬纸板和PVC板等都可以用来收集雪花，并在上面进行观察和拍摄。但用深色的硬纸板和PVC板收集的雪花，为了获得更好的拍摄效果，往往要从收集的雪花中挑选出完整漂亮的，用软毛刷将其挪移到玻璃板或载玻片上进行拍摄。

我在刚开始拍雪花的时候，准备得并不充分，找了深色的毛围巾、毛手套甚至毛袜子来收集雪花，发现有完整漂亮的雪花就手持着相机拍摄下来。因为手持相机稳定性不好，拍摄的倍率不能太高，镜头的放大倍率也比较低，所以拍摄的雪花主体都比较小，清晰度也比较差。

下面两张图上的雪花是我第一次拍到的比较完整的雪花，用深色的围巾收集雪花，手持相机拍摄。虽然现在看起来这几枚雪花拍摄的质量很差，但当时第一次用相机拍到这样完整的雪花，我已经非常兴奋和满足了。

六角形板状晶

双层板状晶（左）和扇形雪花（右）

以下都是手持相机拍摄的雪花。

星形雪花

星盘雪花

冠柱状晶

后来我开始用三脚架固定相机拍摄，稳定性好很多，但镜头倍率较低的情况没有得到改善，拍出的雪花仍然比较小，而且全是采用黑色背景拍摄，光线控制得也不理想，只是拍出了雪花的形状，没有拍出立体感。

以下都是用三脚架固定相机拍摄的雪花。

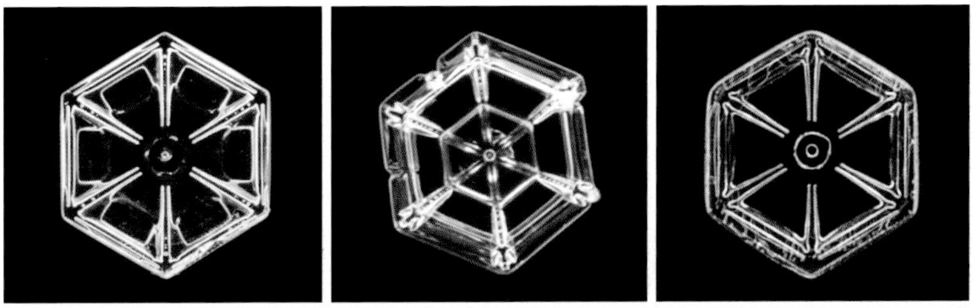

六角板状晶

扇形雪花

星形雪花

星形雪花

星形树枝雪花

蕨叶状雪花

十二瓣雪花

后来，为便于观察雪花更多的结构和细节，获得明亮鲜艳的背景，我常用载玻片、玻璃板或其他透明物体收集雪花放到镜头下拍摄。由于这类物体表面很光滑，最好采用水平放置雪花、镜头垂直的方式进行拍摄，避免拍摄过程雪花产生滑移。可以在收集雪花的透明物体下面打光以获得逆光效果，也可以在玻璃板下放置喜欢的彩色背景，从而拍出背景更多彩的雪花。

下图是我采用透明的玻璃板或其他透明物体收集雪花并放在镜头下拍摄时的工作台布置示意图。这是采用相机加显微物镜进行拍摄的情况，采用相机接微距镜头的布置方式同此一样。我一般采用闪光灯打光拍摄，这种方式产生的热量小，可以减缓雪花的升华和融化。这只是个拍摄示意图，设备和配件可以根据每个人的实际情况进行搭配或自己DIY。布光的方式更可以灵活多样，以获得不同的拍摄效果。

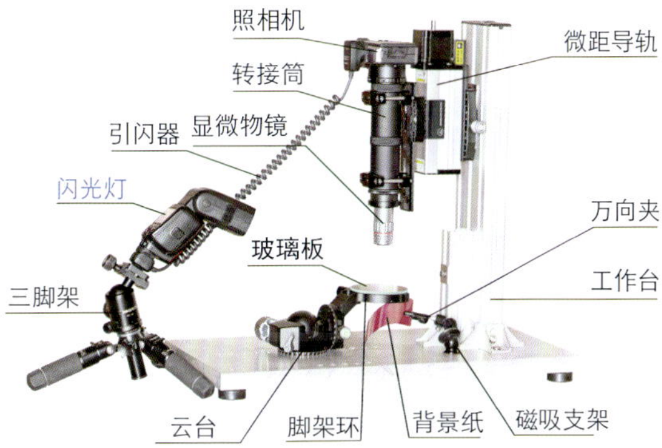

用闪光灯打光的工作台

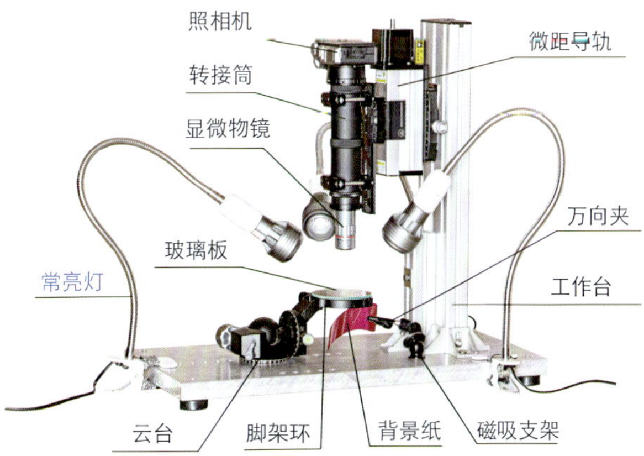

用常亮灯打光的工作台

这里简单介绍一下两个小配件，一个是承载收集雪花玻璃板的小支架配件。我利用手中现成的球形云台和一个脚架环，把它们连接在一起，做成了一个雪花收集玻璃板的支架，玻璃板放在脚架环上，这样也可以实现从玻璃板的下面进行打光，彩色背景也方便布置和控制。而且这个支架可以在平台底板上前后左右移动，方便拍摄者快捷地寻找、观察、挑选整个收集板上任何位置的雪花并确定是否进行拍摄。另一个是用于夹背景纸的小配件，我是用一个车载磁吸手机支架和一个万向夹组合而成。磁吸支架固定在平台底板上合适的位置，万向夹夹着提前制作好的背景纸，通过磁吸支架的磁球调整与雪花的距离和角度，从而获得不同的背景效果。我只是利用手中现有的一些配件进行了搭配和组装，配件并不是很美观，但完全可以实现想要的拍摄功能。相信大家可以制作出适合自己的更精致、更完美的配件。

这是分别采用彩色背景和黑色背景拍摄的雪花，
你更喜欢哪一种？

背景纸可以直接购买摄影专用的滤色纸，也可以用普通彩色纸代替，或用彩色笔在白色的塑料片上涂上色彩代替。雪花很小，背景纸也不用很大，想要获得两种颜色渐变的背景，就把两种背景纸拼在一起，调整到合适的位置即可。如果要获得三种颜色的变化背景，就把三种颜色的背景纸拼在一起，且中间的色彩条要比较窄。至于采用哪种颜色的背景，可以根据个人的喜好进行选择，我更喜欢用蓝色与其他颜色的搭配，也非常喜欢拍黑色背景的雪花。

在拍摄这三枚雪花时，背景使用了金黄色的锡箔纸与蓝色的背景纸搭配。

这枚扇形雪花的背景使用了蓝色与紫色的背景纸搭配。

这枚星盘雪花的背景使用了蓝色和黄色背景纸搭配。

这枚星盘雪花采用了洋红和蓝色背景纸搭配。

这枚星形树枝雪花采用了蓝色、紫色和黄色背景纸搭配。

这枚星形树枝雪花的背景中间为蓝色，两侧为黄色。

这枚六角形板状晶的背景是蓝色与洋红色搭配，洋红色多一些。

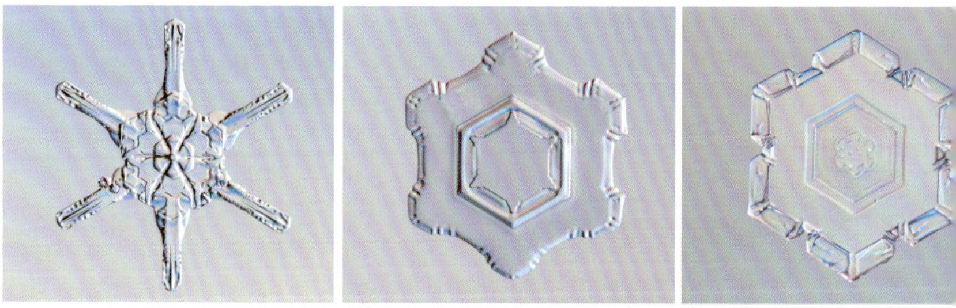

这几枚星盘雪花的背景是蓝色与洋红色搭配，蓝色多一些。

这枚星形树枝雪花的背景以蓝色为主，背景纸两侧距离雪花的远近不同。

这枚星盘雪花采用了蓝色和黄色背景纸搭配。

这枚星形树枝雪花是以洋红色与蓝色背景纸搭配。

这枚星形树枝雪花背景中间为黄色，两侧为蓝色。

这枚星形树枝雪花采用了绿色和洋红色背景纸搭配。

这枚扇形雪花采用了黑色背景。

用透明物体直接收集雪花，然后放到镜头前进行拍摄，往往在被拍摄的雪花周围会有许多雪花碎屑，拍出来的背景有时比较脏乱，需要后期处理的工作量较大。肯尼思·利布莱希特教授建议先用一个大点的深色纸板接收雪花，发现完整的雪花后，就用软毛笔或软毛刷把雪花挪移到干净的载玻片或玻璃板等其他载体上，然后放在镜头前拍摄，这样拍出来的雪花背景干净，后期工作量小。但实践告诉我们，挪移雪花是一件十分具有挑战性的工作，需要十分小心谨慎，一个微小的疏忽和意外都会致使一枚漂亮的雪花瞬间消失。当然，雪花也没有我们想象的那么脆弱，笔者尝试过，只要细心认真，成功概率还是很大的。甚至一枚精美的雪花上落有碎屑，影响美观，有时也是可以用软毛笔或细针等纤细的工具将雪花上的碎屑小心地剥离掉。

在接收雪花的收集板上，从纷繁众多的雪花中用肉眼熟练、快速地挑选出哪一枚雪花完美漂亮，值得我们拍摄，需要一定的经验积累。俗话说熟能生巧，挑选、拍摄的次数多了，自然就熟练了。

这枚星形雪花上粘连有一片雪花碎屑，笔者用软毛笔尖轻轻地扫动，成功地将碎屑移除了。当然这项操作不是每次都能成功，最好是在放大镜或相机镜头下进行，需要细心和操作经验，也取决于碎屑与雪花的粘连程度。

采用玻璃板等透明物体收集雪花，当雪花星星点点地遍布于上面时，就可以放到镜头下仔细观察是否有完整的雪花，如果有，就拍下来。雪花很小，一定要仔细观察才能发现漂亮的雪花。

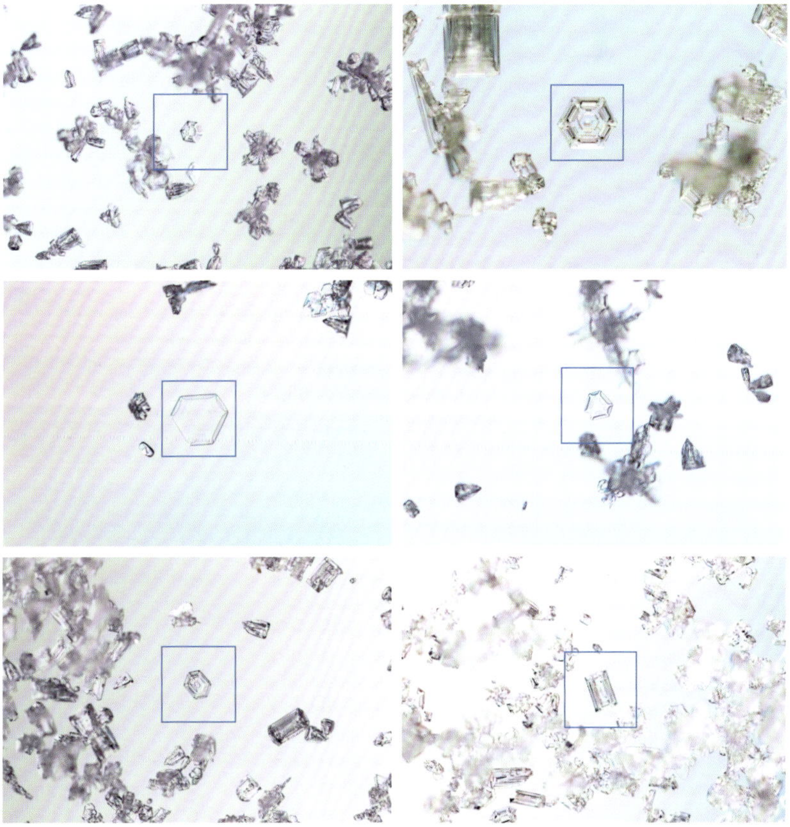

雪花非常微小，拍摄雪花除了必要的相机、镜头及配件以外，还要有一双善于发现美的眼睛和一颗精细的心，才能在天空飘下的细碎雪花中找到那颗属于你的“艺术品”。

（5）避免造成雪花升华或融化

拍摄前，用于收集雪花的物体和拍摄器材，都要事先放置到室外进行预降温。收集雪花的物体自不必说，即使是三脚架和相机等其他物品，如果不提前进行降温，也会对拍摄雪花周围的环境温度产生影响，使得雪花升华或融化太快而影响拍摄。

虽然我们是在室外拍摄，雪花收集板和拍摄器材也进行了预降温，但是雪花还是会慢慢升华或融化，我们身体散发和呼出的热量是造成雪花升华或融化的一个重要原因，而且这是不可避免的。特别是我们通常会选择在一个相对避风、雪花不易被风吹走的地方进行拍摄，这样的环境也不利于我们身体散发和呼出的热量消散，造成局部环境温度升高，进而造成雪花升华或融化。

如果选择常亮灯照明，光源散发的热量也是造成局部环境温度升高的原因之一。

雪花极易升华和融化。有时，一块收集板上同时收集到几枚漂亮的雪花，在拍摄一枚雪花的同时，另外一枚或几枚雪花则在慢慢地升华或融化。所以，拍摄雪花的整个过程，操作要迅速准确，避免不必要的反复调整，尽量缩短拍摄时间，以利于拍摄到更完整、更漂亮的雪花。

一个冬季，可能有很多次降雪，但真正能拍摄到漂亮雪花的时间段并不多，有时一场降雪的持续时间可能很长，却很难收集到完整漂亮的雪花。多数时候是在重复收集雪花、观察和寻找雪花、清理收集板、重新收集这样的过程。当真正有漂亮的雪花映入我们的眼帘时，就应该迅速抓住机会，在其融化前完成拍摄，定格它的美。

玻璃片没有提前预冷，降温不到位，或是当日气温较高，雪花落到玻璃板上很快就会融化，根本收集不到完整的雪花。

这枚结霜的雪花的下部比上部融化得快，是因为当时先拍摄其他雪花，这枚雪花在玻璃板上停留时间稍长，开始融化，而靠近笔者身体的一侧融化更快。或许是笔者没有注意到自己的呼吸方向正好朝向拍摄的位置，或是在移动玻璃板时手指的温度造成的影响等，影响因素很多。有些影响因素是我们没办法控制的，但有些因素在拍摄时应注意克服。

拍摄雪花经常需要移动相机机位、调整镜头焦距、更换雪花收集板、调整灯光布局、改变拍摄背景等，如果戴上厚厚的棉手套，虽然可以起到保暖作用，但调整速度和精度都会下降，特别是戴着毛手套去移动收集雪花的玻璃板时，往往会造成玻璃板起雾，从而影响雪花拍摄。肯尼思·利布莱希特教授这样说道："握住笔刷、玻片和相机都需要一些灵巧性，所以我们发现必须裸手操作。当温度在 −15℃左右时，一片一片筛选雪花真是个挑战。"笔者有同感，虽然会比较冷，但裸手操作才是最快速、最精确的。

拍摄这枚分支末端带有扇形结构的雪花时，每次按下快门相隔也就几秒钟，但拍完后发现，后一张都比前一张融化了许多，而且越往后融化得越快。

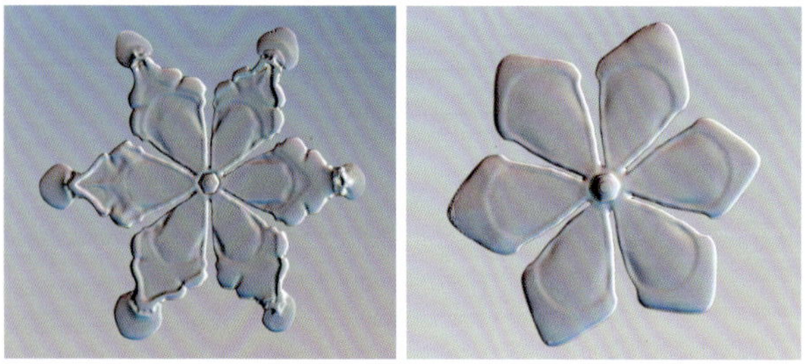

这枚扇形雪花升华前后的对比。

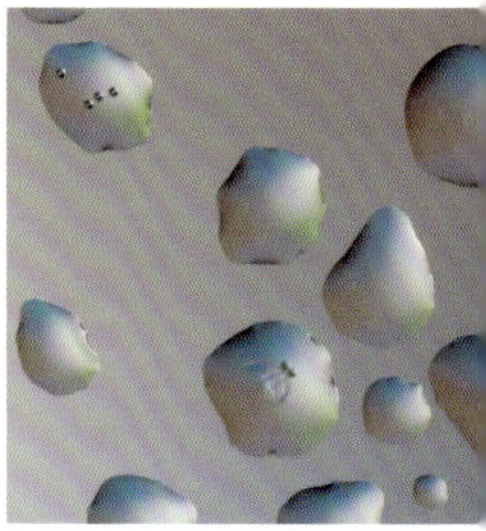

雪花融化以后，会在玻璃板上留下一个个小水滴。

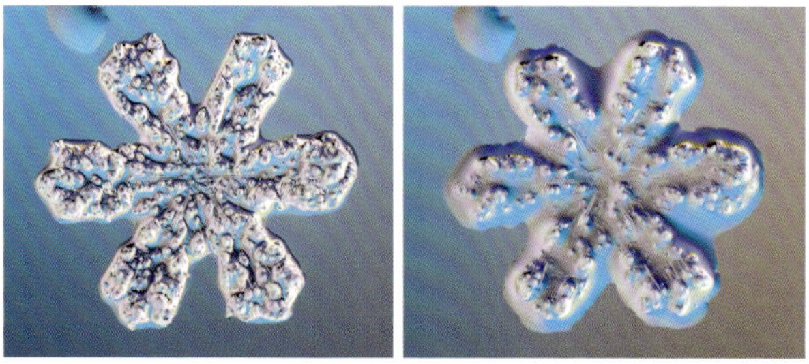

这枚星形雪花融化得较快，融化产生的水分来不及蒸发和散失，聚集在雪花周围。

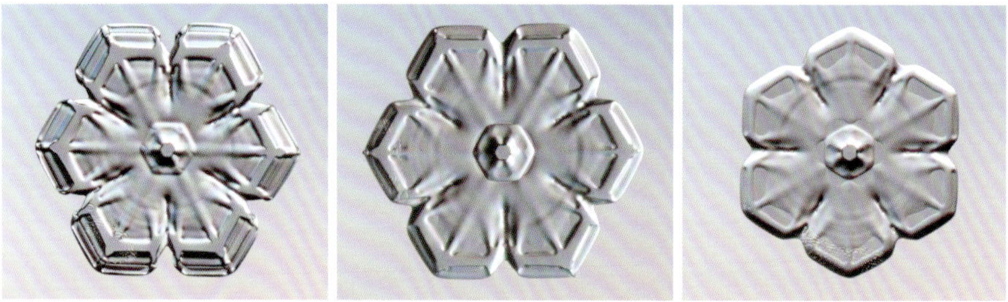

这枚扇形雪花拍摄的间隔时间虽然很短，但后面一张对比前面一张，雪花的边缘和表面已经开始升华和融化，雪花开始变得光滑圆润。由于环境温度较高，雪花底部融化产生的水分来不及蒸发，雪花有时会被浮起并发生旋转。最后一张在拍摄机位和角度相同的情况下，雪花旋转了一个角度。

(6) 关于后期

拍摄雪花是在降雪过程中进行的，所以，无论是用玻璃片还是毛手套等其他物体收集雪花，一颗完美雪花的周围往往都会有一些雪花碎屑。当拍摄雪花结束以后，为了获得精美的单个雪花主体，还要适当地进行后期处理，主要工作就是去除背景上杂乱无章的碎屑、脏点，把背景处理干净。

背景处理前

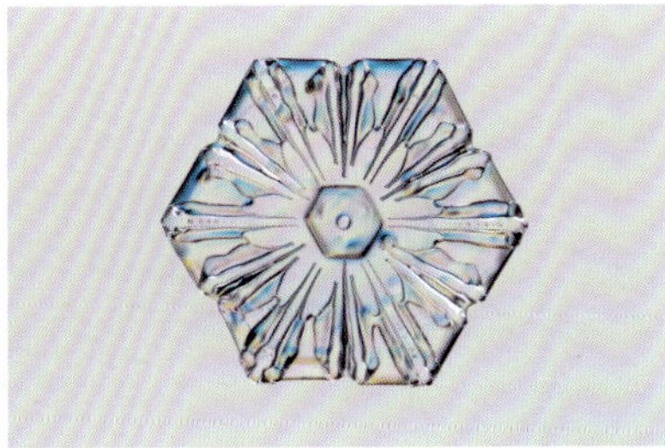

背景处理后

有时我们会遇到一些特殊的雪花，如双层雪花（双层板状晶），这种双层雪花有上下两层，两层之间保持平行，中间有柱体相连。由于镜头景深的限制，一次很难把两层都拍摄清晰，可以分别拍摄上层和下层各自清晰的图片，这样的雪花图片有一个虚化的雪花图案作衬托，也非常有特点。用图像堆栈软件将两张图片堆栈在一起，就能获得上下两层都清晰的图片，这就是最简单的图像堆栈。

上层清晰

下层清晰

堆栈后，上下两层都清晰

有些雪花分支或次分支发育得不均衡，凹凸程度不同，造成相机镜头景深不能完全覆盖雪花，有时收集雪花的物体表面不平，或是雪花下面粘有细碎的雪碴等，造成焦平面与雪花表面不平行，不能一次拍出完全清晰的雪花。这时也需要利用镜头的向前或向后移动拍出若干张局部清晰的图片，然后利用图像堆栈软件后期堆栈成一张完全清晰的雪花图像。

当蕨叶状或树枝状雪花大量出现的时候，时而会伴随有特大型雪花出现。这种雪花个体非常大，采用拍摄正常大小雪花的镜头拍摄时，相机画面无法容纳整个雪花，可以将雪花分为几个部分，分别进行拍摄，然后用图像拼接软件拼接成一张图像。对于一些较小的雪花，也可以采用更高倍率的镜头，把雪花分为几部分进行放大拍摄，然后利用图像拼接软件后期拼接成一张图片，从而获得更高清的图像。

4 张局部清晰的雪花图（上排）

堆栈后清晰完整的雪花图（下排）

下面这枚蕨叶雪花个体很大，即使把当时使用的镜头调至最小倍率也无法一次拍全整个雪花，因此，将其分为四部分进行拍摄，然后通过图像拼接软件拼接成一张完整的图像。

4 张雪花局部图

拼接合成后的完整雪花图

小贴士

用PS进行图像堆栈的方法

1.

打开PS，选择“文件”-“脚本”-“将文件载入堆栈”。

2.

在弹出的“载入图层”对话框中点击“浏览”，选择你拍摄的上层清晰和下层清晰的2张照片，勾选左下角的“尝试自动对齐源图像（A）”，点击“确定”。

3.

在图层面板中，按Ctrl键选中要进行堆栈的2张图所在图层。选择“编辑”-“自动混合图层”，在“自动混合图层”对话框选择“堆叠图像”，点击确定，等待堆栈。

4.

图像堆栈完成，获得上下层都清晰的图像。

文件(F) 编辑(E) 图像(I) 图层(L) 文字(Y) 选择(S) 滤镜(T) 3D(D) 视图
新建(N)... Ctrl+N
打开(O)... Ctrl+O
在 Bridge 中浏览(B)... Alt+Ctrl+O
打开为... Alt+Shift+Ctrl+O
打开为智能对象...
最近打开文件(T)
关闭(C) Ctrl+W
关闭全部 Alt+Ctrl+W
关闭其它 Alt+Ctrl+P
关闭并转到 Bridge... Shift+Ctrl+W
存储(S) Ctrl+S
存储为(A)... Shift+Ctrl+S
存储副本... Alt+Ctrl+S
恢复(V) F12
导出(E)
生成
共享...
邀请...
在 Behance 上共享(D)...
搜索 Adobe Stock...
置入嵌入对象(L)...
置入链接的智能对象(K)...
打包(G)...
自动(U)
脚本(R)
导入(M)
文件简介(F)... Alt+Shift+Ctrl+I
打印(P)... Ctrl+P
打印一份(Y) Alt+Shift+Ctrl+P
退出(X) Ctrl+Q
图像处理器...
删除所有空图层
拼合所有蒙版
拼合所有图层效果
脚本事件管理器...
将文件载入堆栈...
统计...
载入多个 DICOM 文件...
浏览(B)...
最近使
排序

1

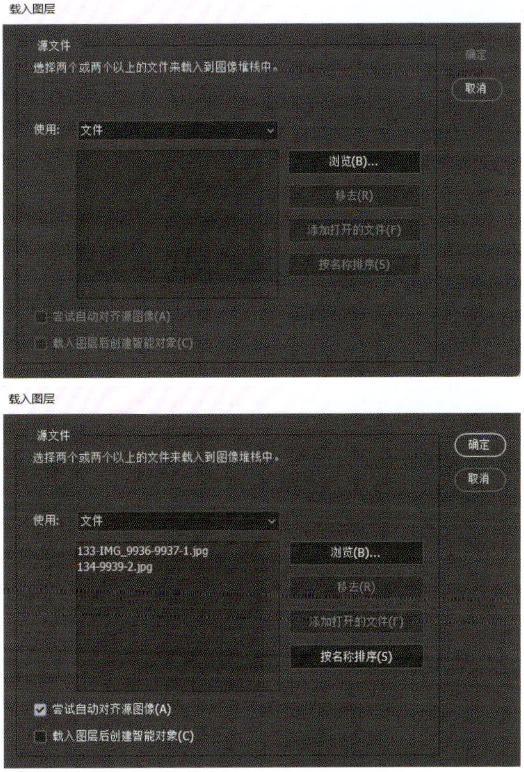

载入图层
源文件
选择两个或两个以上的文件来载入到图像堆栈中。
确定
取消
使用: 文件
浏览(B)...
移去(R)
添加打开的文件(F)
按名称排序(S)
尝试自动对齐源图像(A)
载入图层后创建智能对象(C)
载入图层
源文件
选择两个或两个以上的文件来载入到图像堆栈中。
确定
取消
使用: 文件
133-IMG_9936-9937-1.jpg
134-9939-2.jpg
浏览(B)...
移去(R)
添加打开的文件(F)
按名称排序(S)
尝试自动对齐源图像(A)
载入图层后创建智能对象(C)

2

3

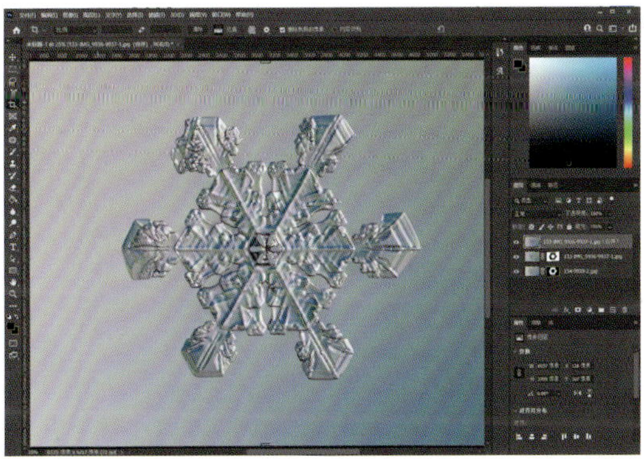
4

第6章
美丽的雪花图鉴

雪花种类之多令人惊叹，而雪花之所以有如此多的种类，是因为云层中的天气条件在不停地变化，特别是雪晶生长环境的温度和湿度的不停变化，造就了雪花的万千姿态。然而，有些类型的雪花出现概率很高，几乎每次降雪都能见到，而有些类型的雪花较少见到，有的则非常罕见。

雪花到底有多少种，不同的分类方法给出了不同的解释。虽然这些专门从事雪花研究的科学家们都对不同种类的雪花给出了明确的解释，但有些雪花仍然很难分辨它们属于哪一种类型，把它们确定为某一种类型是一件仁者见仁的事情，因为雪花的变化太多、太微妙了。肯尼思·利布莱希特教授在《雪花的答案：冰冻艺术中的科学》一书中这样说道："不同类型的雪晶之间，分界线并不是非常明确，扇形雪花的存在就是一个很好的例子，印证了雪花分类的边界确实很模糊。并没有绝对的规则定义怎样突出的脊才能称得上是扇形雪花。星盘雪花和扇形雪花的分界有点模糊。给雪花命名并不是一门精密的科学。"其实，一些其他类型的雪花之间分界也很模糊，如星形雪花与星形树枝雪花之间，星形树枝雪花与蕨叶雪花之间的分界也很模糊。

为了方便大家观察和认识雪花，本章主要采用肯尼思·利布莱希特的雪花分类法，对笔者几年来拍到的雪花进行归纳分类，看看分类法中常见的35种雪花拍到了多少种。哪些种类的雪花拍到得多，哪些拍到得少，哪些还没有拍到。下面我们就来认识这些美丽的雪花吧！

1 六角形棱柱

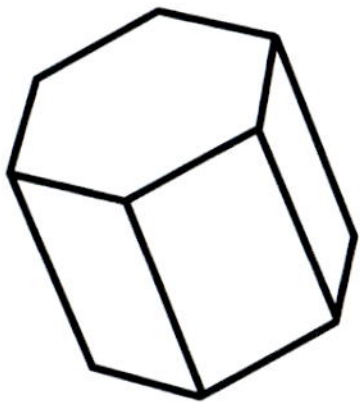

当云层中的雪晶胚形成以后，周围的水蒸气分子就不停撞击到这个雪晶胚的表面，很快就会黏着成一个含有上下两个基底立面和六个棱柱面的冰棱柱体，这种六角形棱柱就是最简单的雪晶。这种雪晶非常微小，其大小不超过人的头发直径，平时很难拍到。

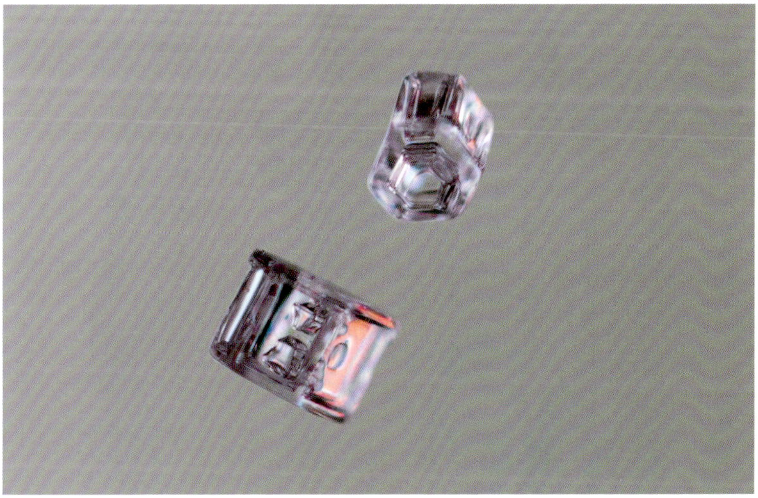

我应该是没有拍到过这种微小的六角形棱柱，或者我拍到了，但是忽视了，因为它太小了，但它应该与右图这些短小的柱状晶形似，只是更小。

2 六角形板状晶

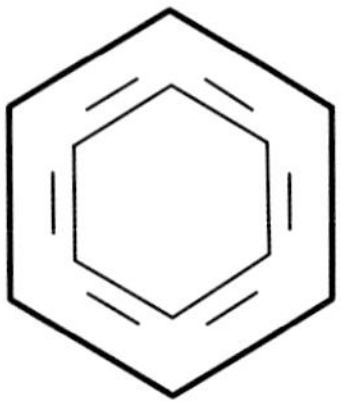

六角形板状晶是雪晶生长发育的开始，也是其他种类雪晶生长发育的胚胎，这也是我们经常看到很多其他种类的雪晶中心呈六角形图案的原因。六角形板状晶个体都比较小，直径通常在0.3mm左右，较大的六角形板状晶并不多。这种雪晶往往在一场降雪的初始和末尾阶段出现。

六角形板状晶看似简单，外形只是普通的六角形，没有复杂的分支，但其仍然变化多端、精致优美。有的薄，有的厚；有的表面平整光滑，有的带有同心纹路，有的带有辐射纹路；有的中间结构复杂，有的边缘结构复杂；等等。

右页图是采用黑背景拍摄的六角形板状晶。

在刚开始拍摄雪花的时候，因为拍摄经验不足，设备稳定性也有待提高，所以拍摄时更多是采用较低的放大倍率拍摄。因此，画面中除了有所要拍摄的雪花主体以外，周围还会有许多细碎的雪花，在这些细碎的雪花中会隐藏着一些个体非常小、平时我们很难发现的六角形板状晶及其他类型的雪晶。直到开始处理这些雪花时，在画面中仔细观察寻找，这些埋没在细碎雪花中的微小雪晶才有机会展现在我的眼前。这也从另一个侧面印证了六角形板状晶个体非常小，个体较大的很少见。坐在电脑前欣赏一颗颗漂亮的雪花是一件非常令人陶醉的事情，但在细碎的雪花中努力去寻找和发现一枚微小的雪晶，更令人兴奋和充满期待，就好像一个寻宝者在干枯的河床上从数不清的碎石中寻找那颗期待的宝石。

后来随着拍摄倍率不断增大，整个画面几乎被一枚雪花充满，画面中不再有其他细碎的雪花，虽然这样拍摄雪花的清晰度更高，细节表现更好，后期的工作量也小了许多，但也失去了坐在电脑前在细碎的雪花中寻找那些完美的微小雪晶的期待与快乐。

右侧这两枚六角形板状晶个体很小，用肉眼很难观察到。但是在高倍的微距镜头下，可以观察到它们中间有着精美的图案，边缘则比较简单。

右侧这枚六角形板状晶表面平整光滑，没有过多纹路，只在边缘有简单的图案，中间有圆形图案，像一只六角形“盘子”。

右侧这几张图是采用黑色背景拍摄的六角形板状晶。黑色背景可以更充分地展现雪花晶莹剔透的美。雪晶看上去很像一个六角形的“螺丝帽”。

右侧这两枚六角形板状晶大部分重合在了一起。三个图从左到右分别是聚焦上层雪晶、聚焦下层雪晶和堆栈后的效果。

右侧这几枚六角形板状晶带有年轮纹路和沿六个角发育的星形脊状结构，非常有立体感。

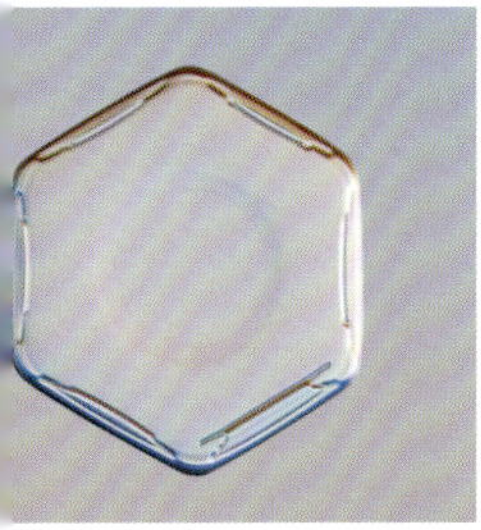
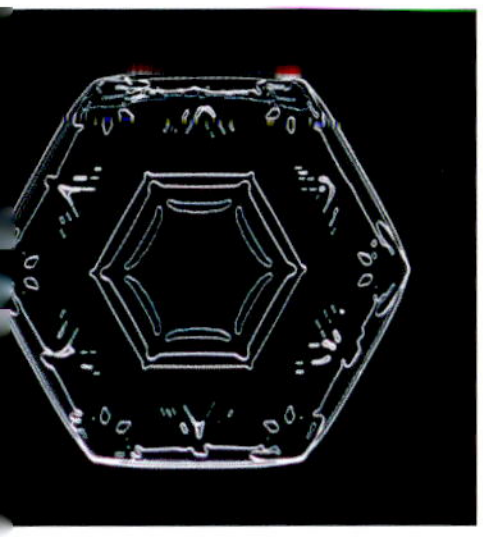

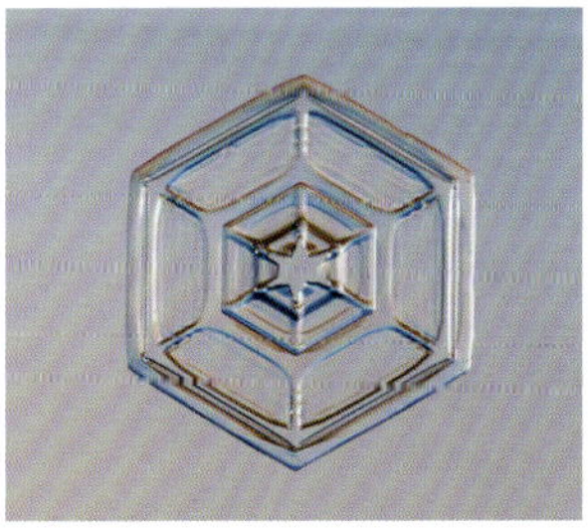

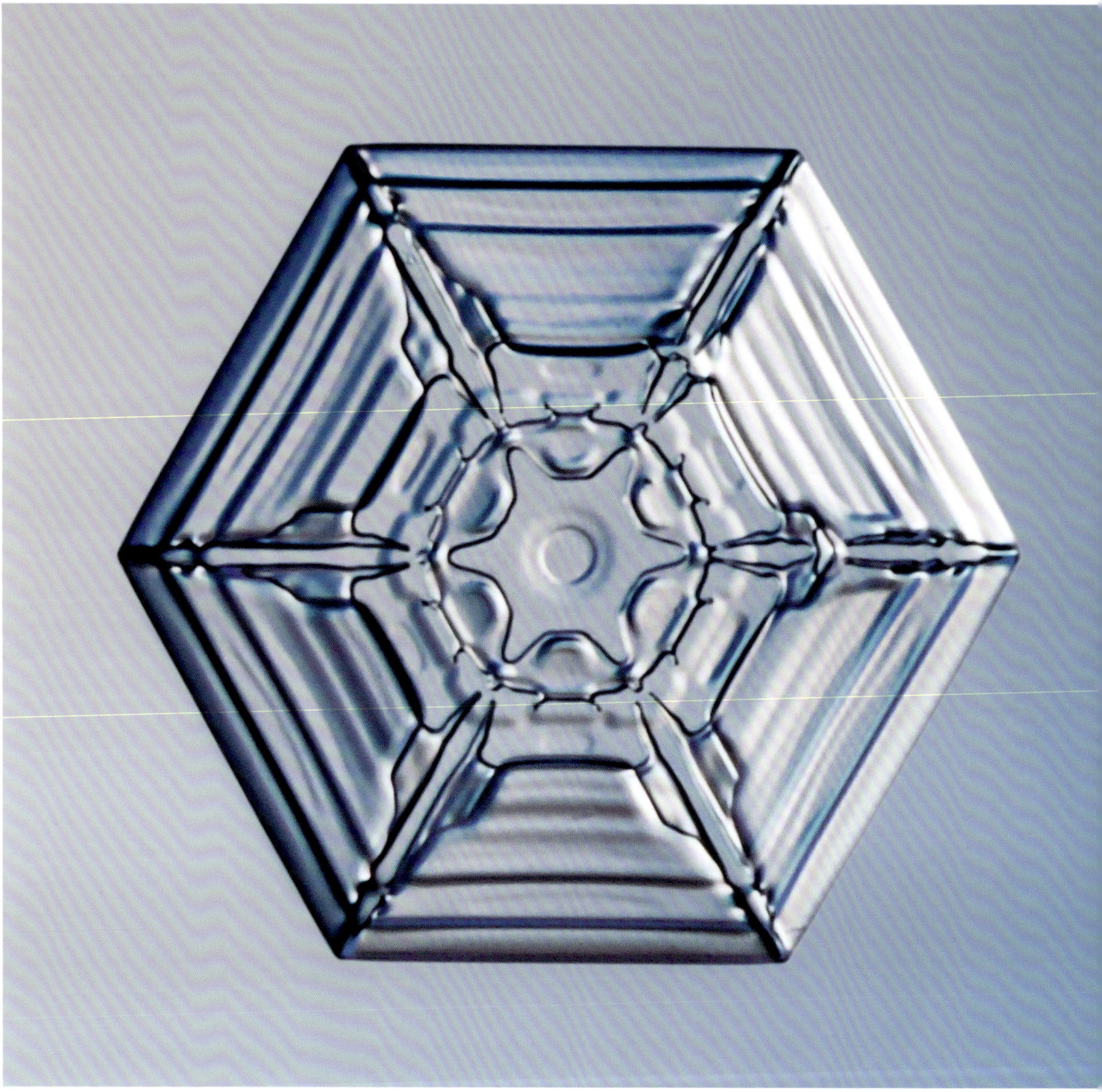

带星形脊状结构、非
常有立体感的六角形
板状晶。

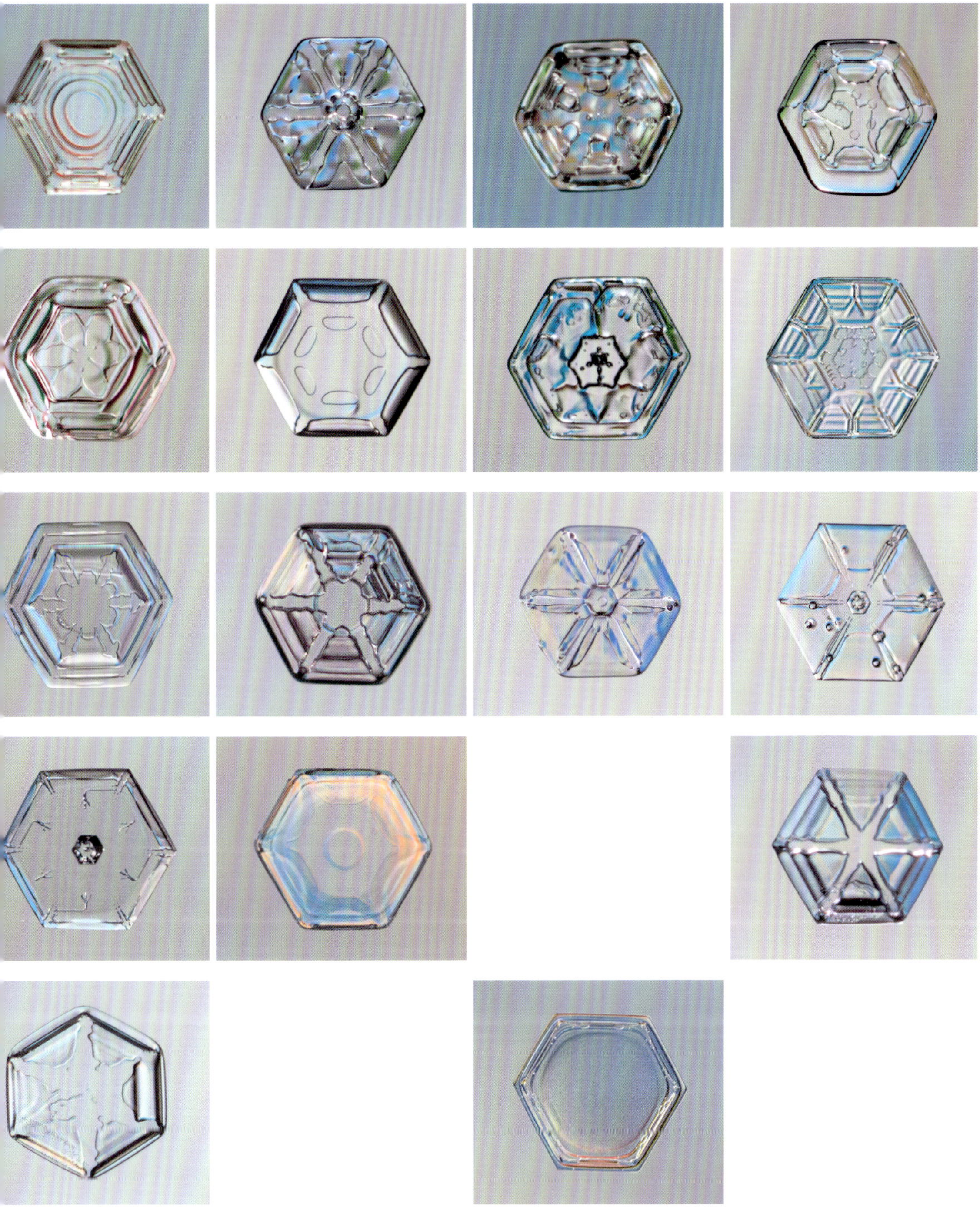

我从拍摄的雪花主体周围的细碎雪花中“挖掘”出的千姿百态的微小六角形板状晶。

3

星盘雪花

右侧两张图是采用彩色背景与黑色背景拍摄的同一枚星盘雪花。

星盘雪花是由一个六角形板状晶在六个角上长出星状分支而形成的。肯尼思·利布莱希特教授认为，有些分支宽的星盘雪花也属于扇形雪花。一般情况下，星盘雪花直径在3~5mm，也有少数直径可能更大。由于星盘雪花类似于六角形板状晶与星状雪花的组合体，所以它拥有更多的结构变化，更受人们的喜爱。其实很多星盘雪花也可能是双层的板状晶，只是直径较小的一层板状晶容易被我们忽视，把其中一层认为是中间的“盘”。

右侧是一些分支较宽的星盘雪花。

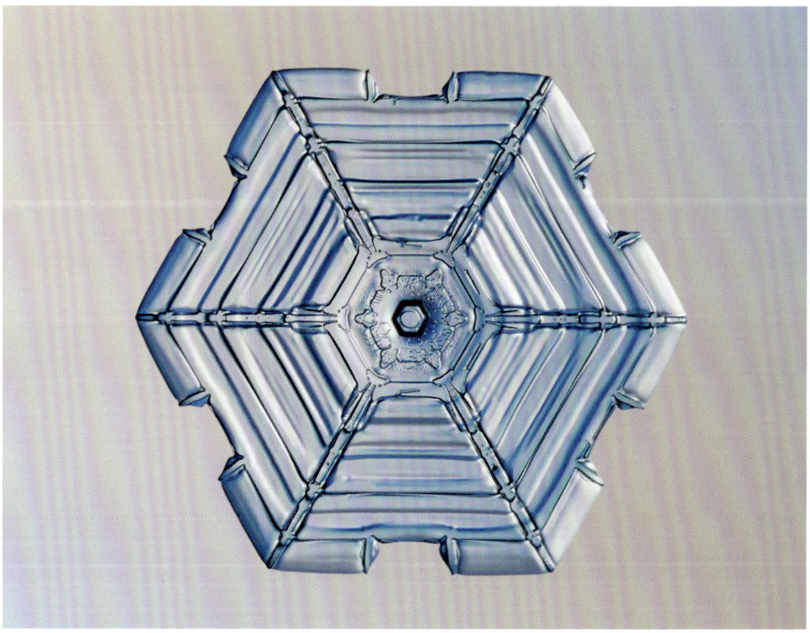

这是一枚刚长出分支的星盘雪花。

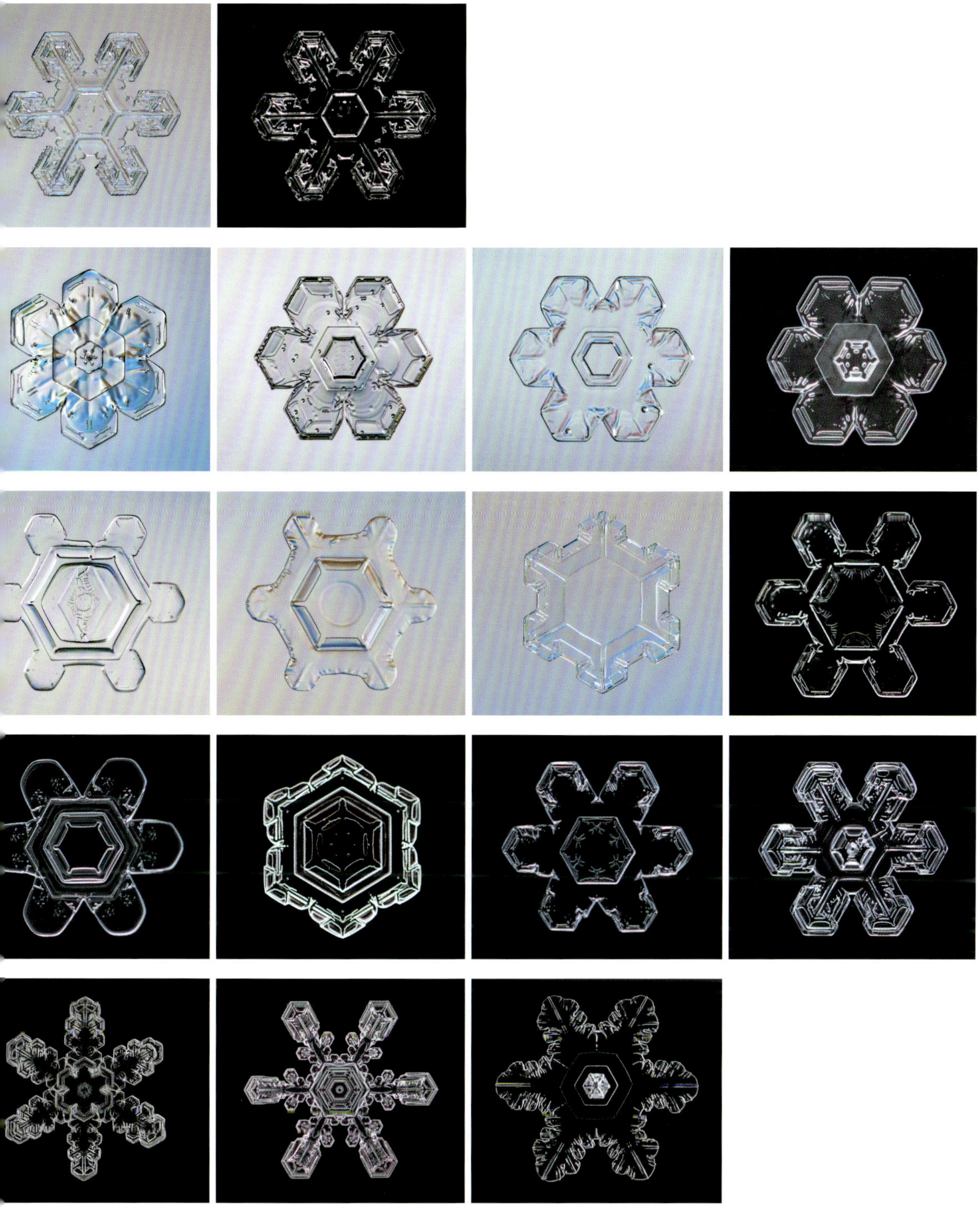

分支细窄的星盘雪花。

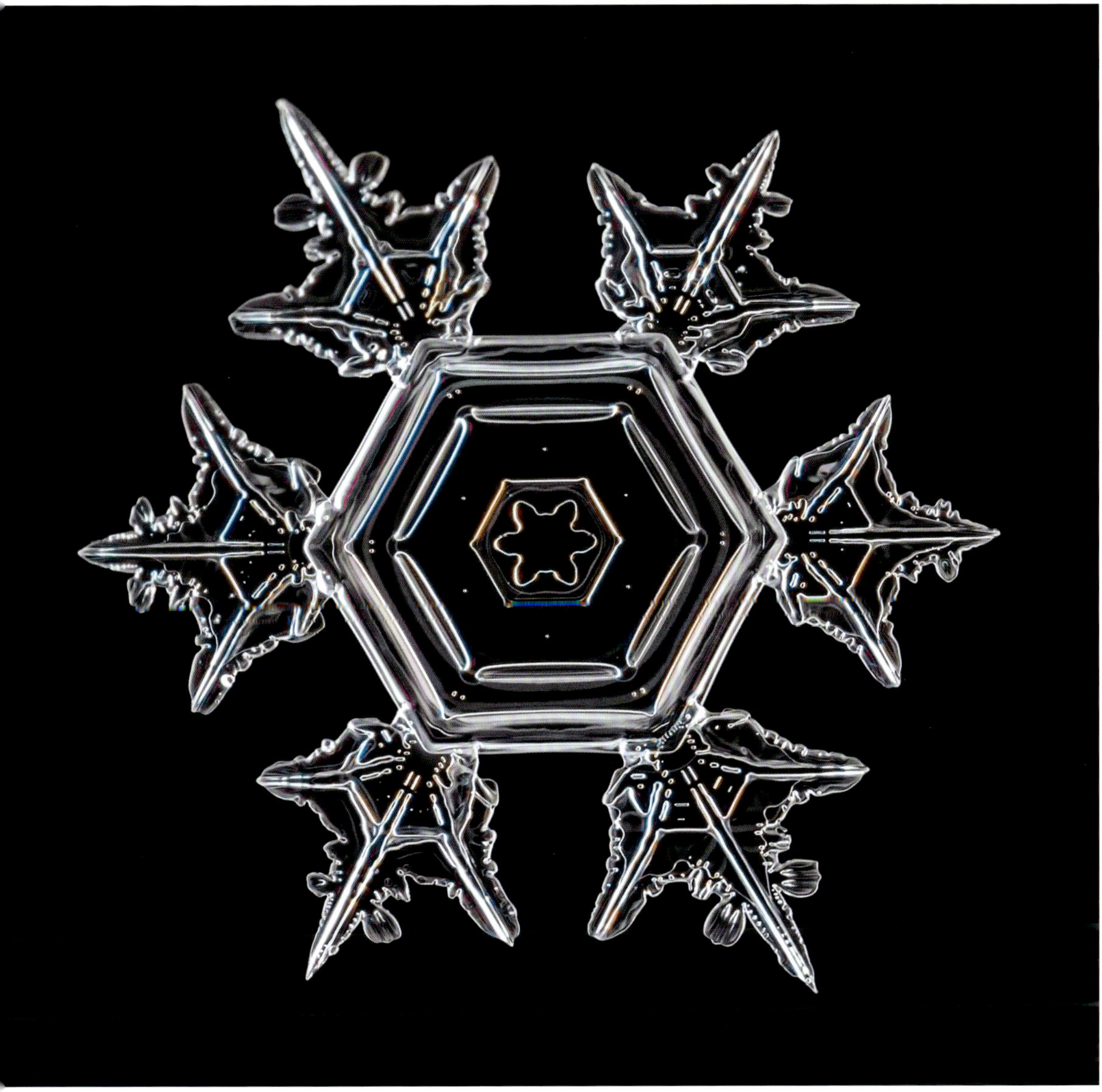

分支细窄的星盘雪花。

右侧是一些分支细窄的星盘雪花。（左右两页通栏，下同）

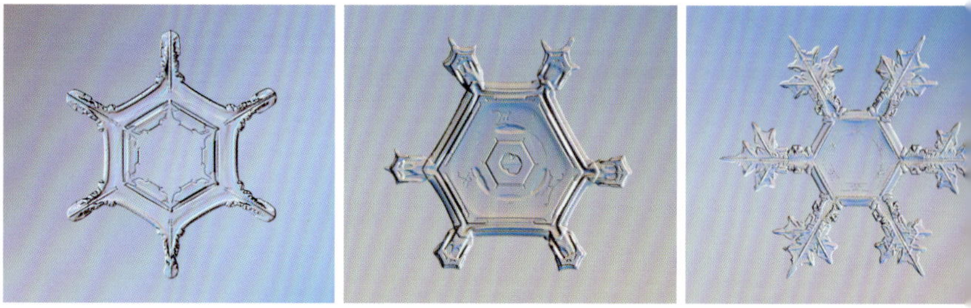

右图这些星盘雪花个体很小，形态各异，拍摄时它们或隐藏在细碎的雪花之中，或是在拍摄主体的边上，不是当时主要的拍摄对象，后期处理图片时才把它们单独挑选出来进行后期处理，呈现出它们的美丽模样。

4 扇形雪花

右页这些扇形雪花的扇形分支刚刚形成，是扇形雪花的初始状态，扇形分支还没有完全分离，与六角形板状晶很相似。

扇形雪花最典型的标志就是每个分支都是从窄到宽的变化，形似一把打开的扇子，因而得名。

右页这几枚扇形雪花已经逐渐脱离了扇形雪花的初始状态，扇形分支随着雪花的生长越来越明显，逐渐分裂成六个扇形分支。

右页这些雪花中间的六角形部分很小，且不明显，分支从中间部位开始就分离成扇状，从内向外由窄变宽。

右页这两张图上是同一枚扇形雪花。选用不同的背景拍摄，呈现出的效果也不同。

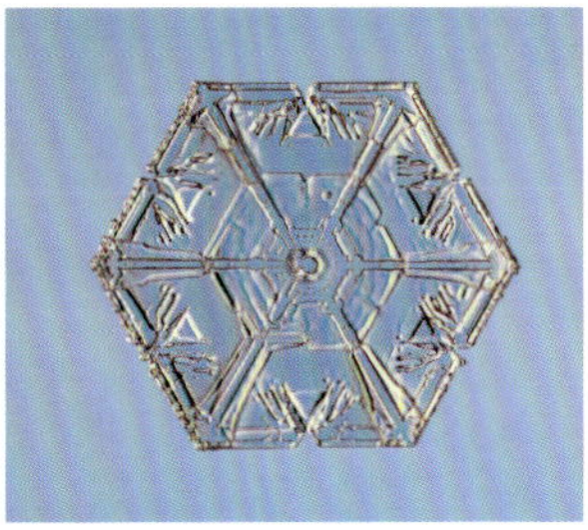

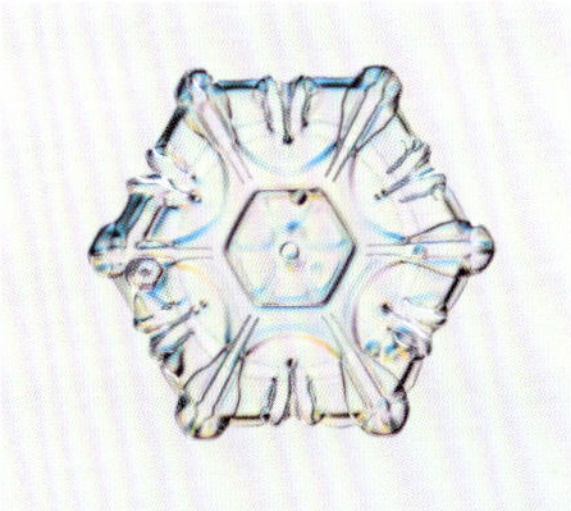

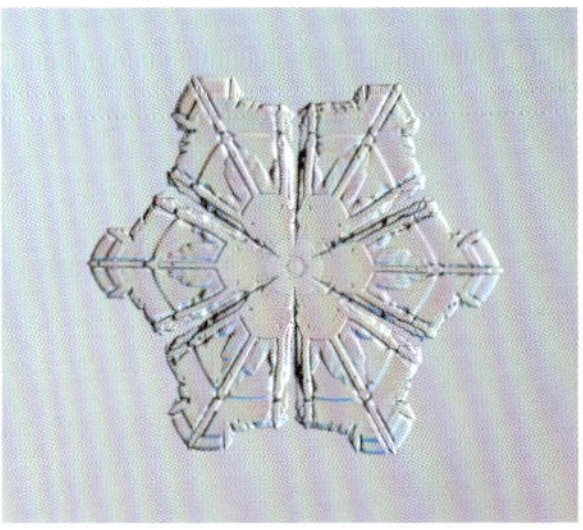

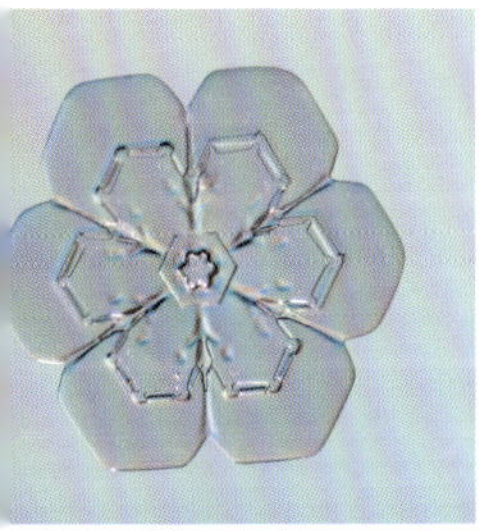

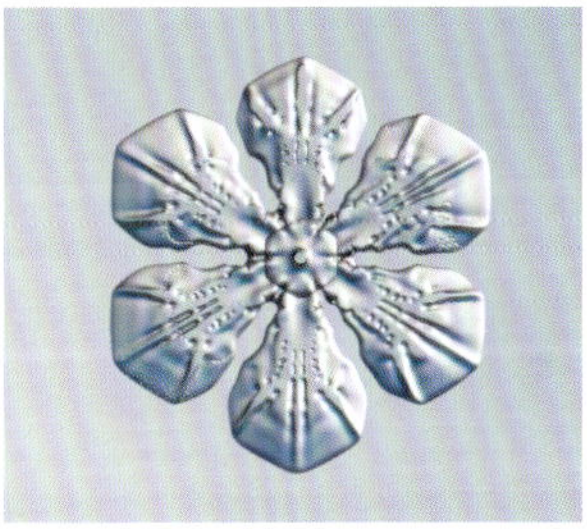

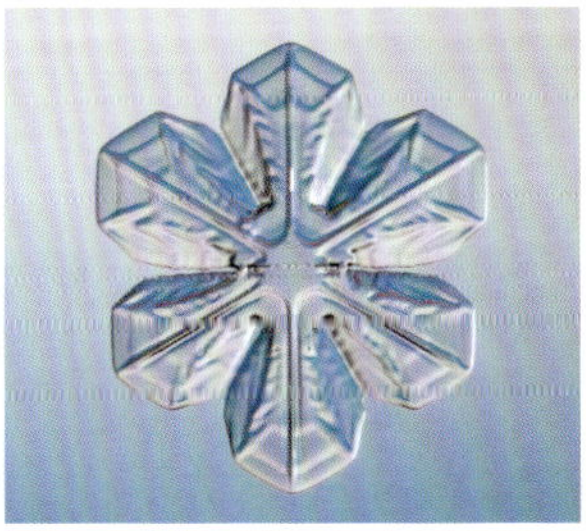

上图是我在收集板上的雪花碎屑之中或边角位置发现的一些微小的精美扇形雪花。它们个体很小，拍摄时容易被忽视，要善于去发现它们。

这些扇形雪花是星形雪花或星盘雪花在分支顶端长出类似于蹼足类动物脚掌一样的扇形分支，形似鸭掌，常被叫作“鸭掌扇”。

一枚非常对称的“鸭掌扇”。

5

星形雪花

右页这些星形雪花的分支发育得细而简单。

星形雪花是最常见的雪花形状之一，这种雪花中心区域非常小，多数很难分辨出初始的六角形形状，而分支一般都比较长，一般在2~3mm，甚至更长。

星形雪花变化也很多，有些分支尖锐且细长，有些分支短钝而宽阔；有的分支发育简单，有的则发育复杂。

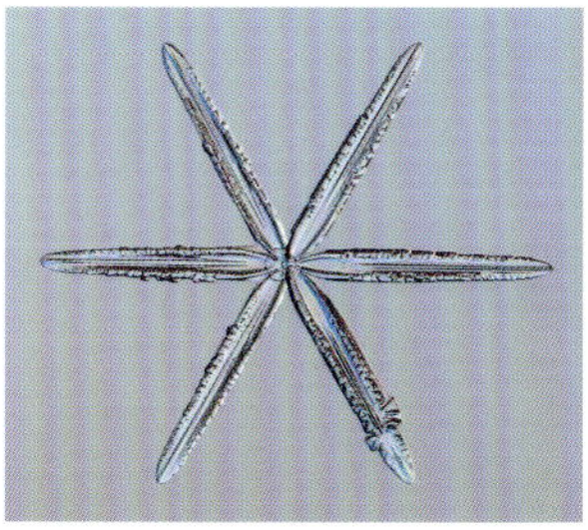
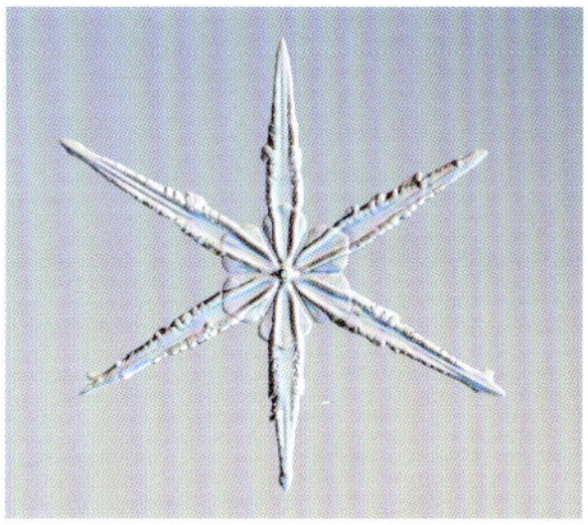
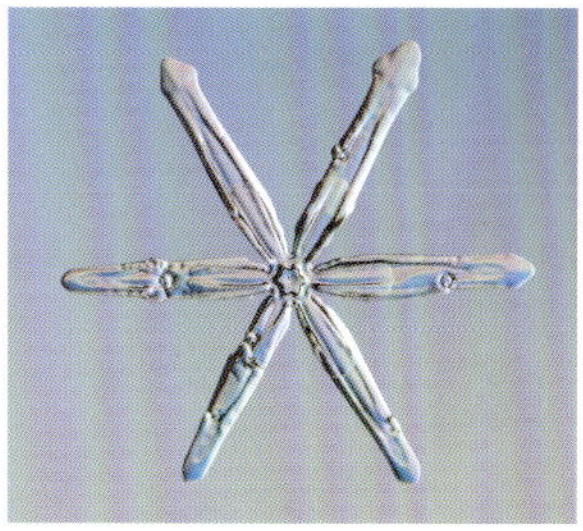

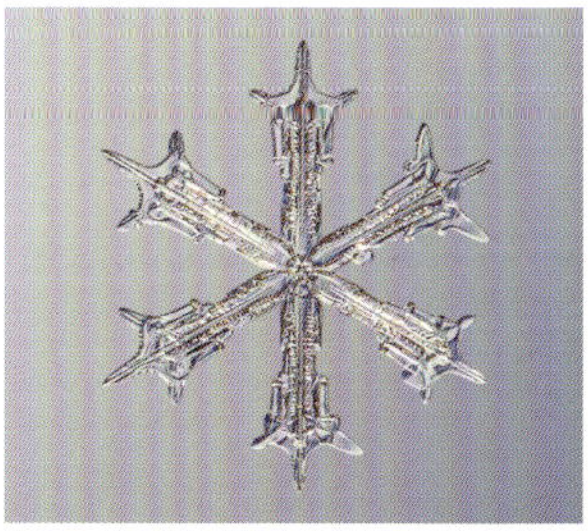

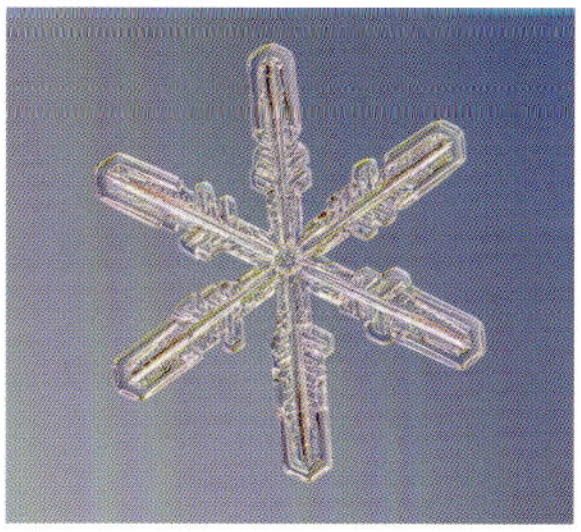
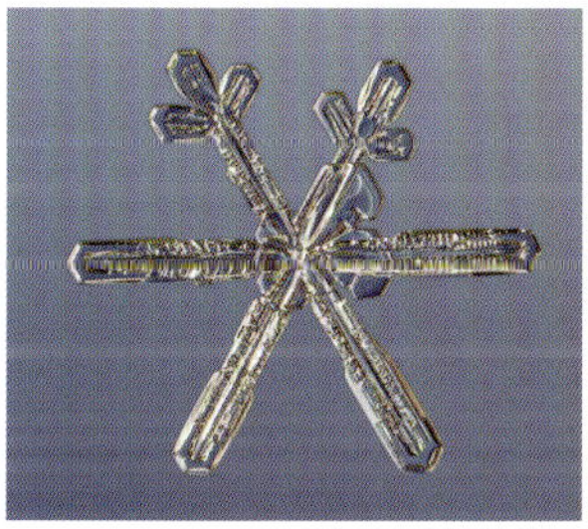

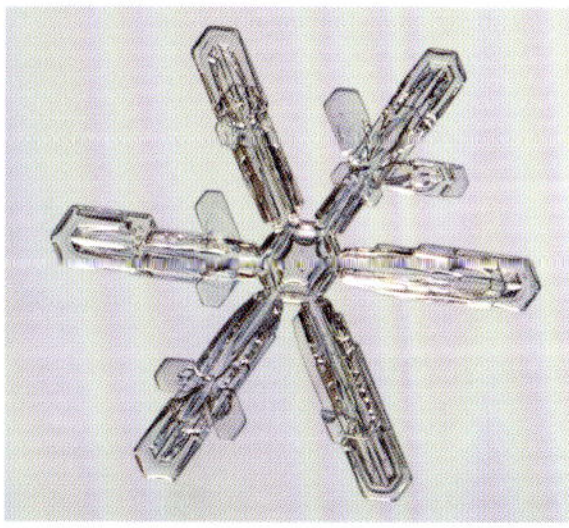
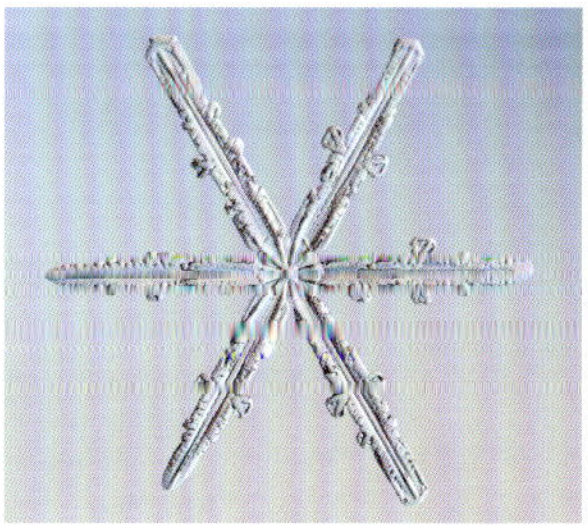

分支细而复杂。

分支细而复杂。

右侧这些星形雪花的分支发育得细而复杂。(左右页通栏，下同)

右侧这些星形雪花的分支发育得宽厚而简单。

右侧这些星形雪花分支发育得宽厚而复杂。

右侧这枚星形雪花看起来比较脆弱，着陆失败，一个分支折断了。

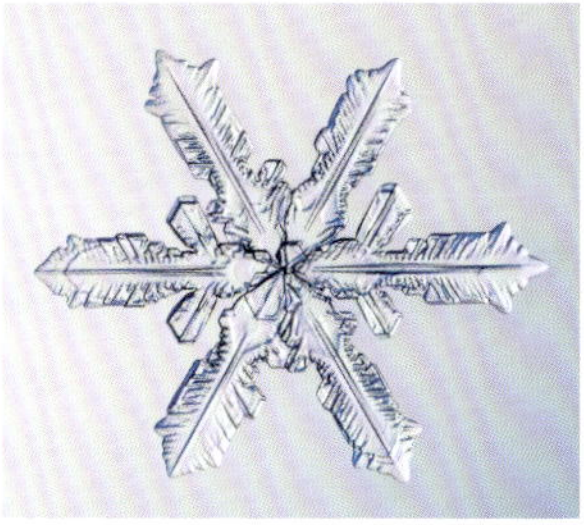
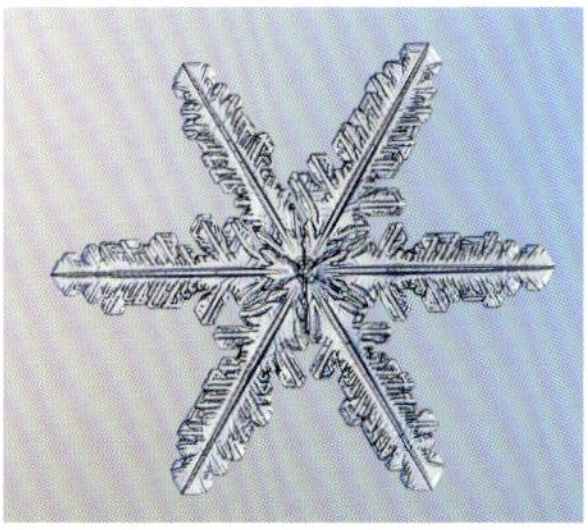
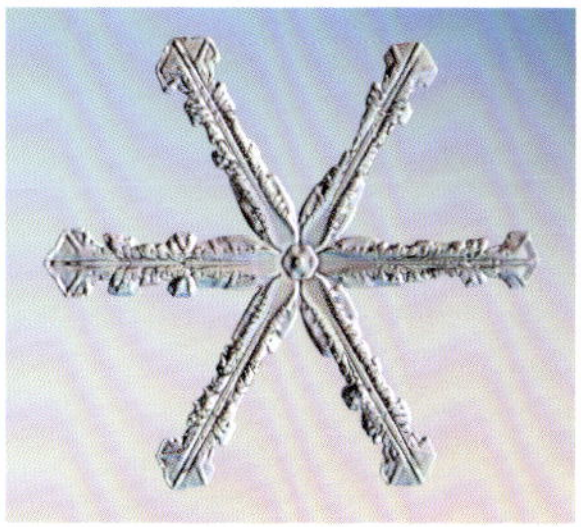

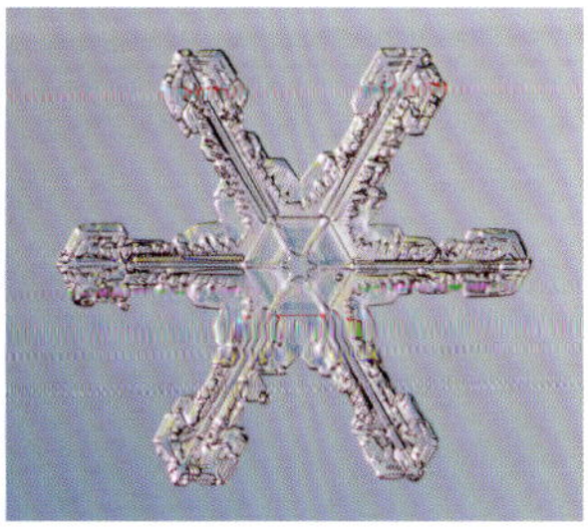

6 星形树枝雪花

右页这些是主分支及次分支都比较宽钝的星形树枝雪花。

星形树枝雪花的主分支生长得细而长，且主分支上又生长出繁茂的次分支。这些次分支与其主分支成60度角向前生长，与邻近的主分支保持平行。星形树枝雪花一般个体比较大，通常在雪量较大或降雪高峰期更容易出现。

右页这些是主分支及次分支比较窄锐的星形树枝雪花。

右页这几枚星形树枝雪花中间的六角形部分较为明显和复杂，如同星盘树枝雪花。

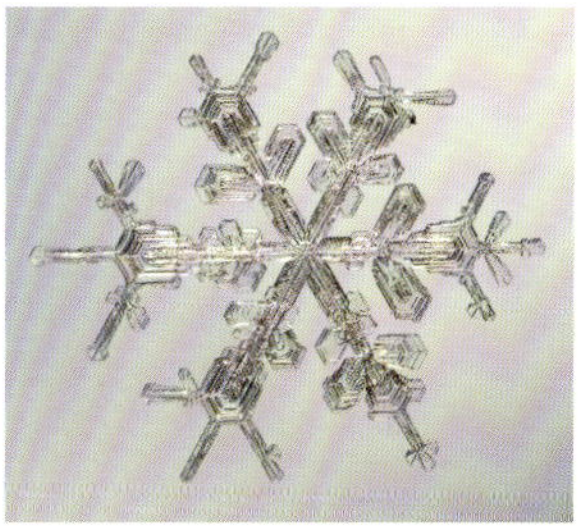

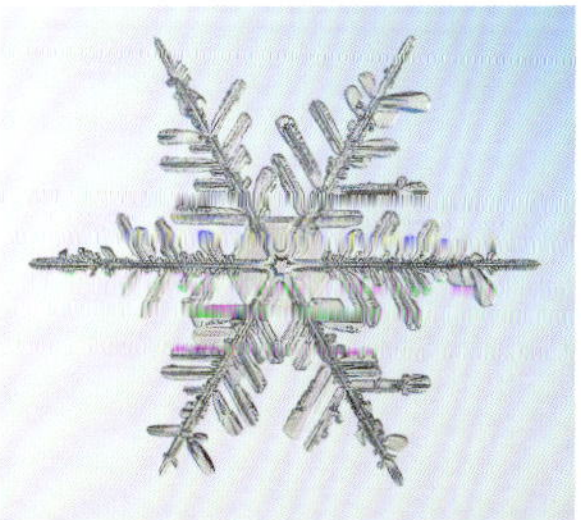
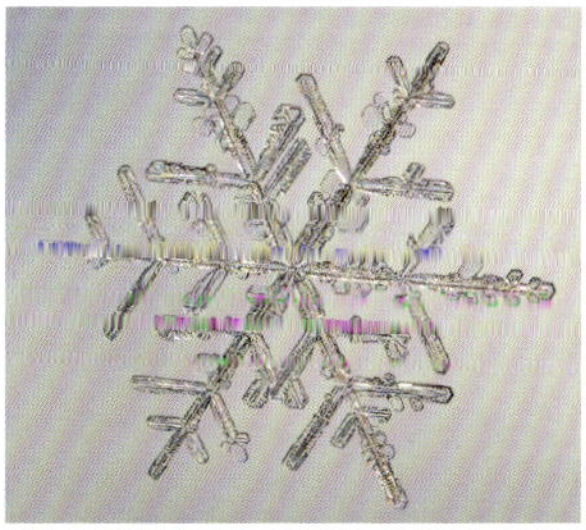
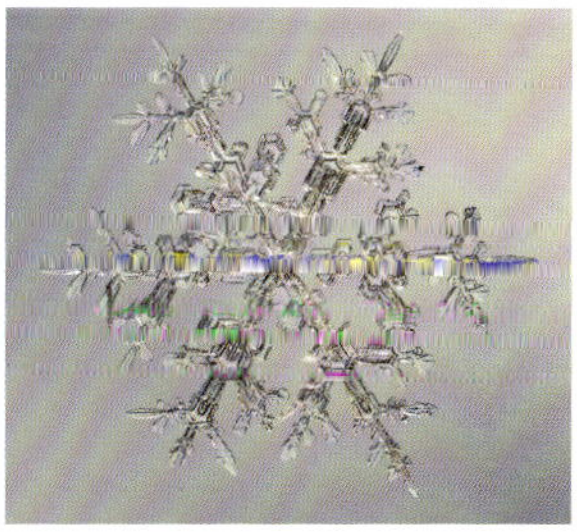

主分支及次分支比较窄锐的星形树枝雪花。

主分支及次分支都比较
宽钝的星形树枝雪花。

这枚星形树枝雪花主分支相对细窄，次分枝则相对宽厚。

这枚星形树枝雪花主分支相对细窄，次分枝则相对宽厚。

这枚星形树枝雪花的主分支和次分枝都较宽厚。

尝试用不同色彩的背景拍摄，可以获得更丰富多彩的雪花。

同一场降雪中拍到的雪花会有许多相似之处，这主要是由于同一场降雪的气候条件很相近，下面这组雪花就是同一场降雪过程中拍到的，它们有许多相似之处。

右侧这些是同一场降雪拍到的星形树枝雪花，不论是次分支发育简单，还是次分支发育比较复杂，其共同的特点是主分支和次分支都较为厚钝。

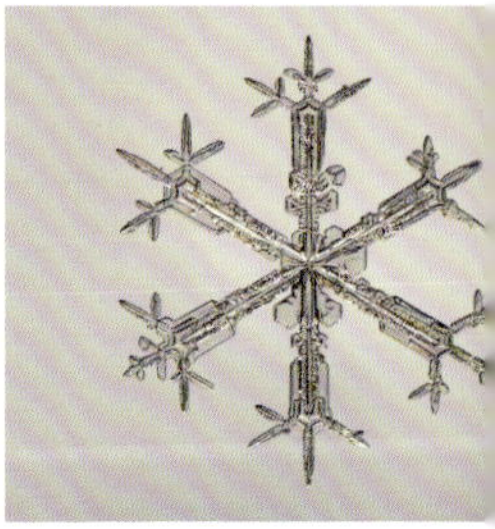

7 蕨叶雪花

蕨叶雪花最大的特点是生长着密集的次分支，有时这些次分支又生长出次级分支，看上去就像是蕨类植物的叶子，因而得名。蕨叶雪花是生长最快的雪花，因而尺寸通常比较大。它的快速生长会形成一些不规则、间隔排列、长短避让的次分支。

右页这枚蕨叶雪花个体很大，生长有密集的次分支，有些次分支又生长出次级分支，具有蕨叶雪花的所有特征。

左侧这几枚蕨叶雪花主分支与次分支均较宽厚。

这是一枚结霜的蕨叶雪花，雪花上结满了密密麻麻的霜粒。

这些蕨叶雪花主分支及次分支均较尖细。

蕨叶雪花以生长快速而著称，说明其生长环境比较优越，但其快速生长也极易造成各主分支、各次分支间发育得不均衡，而形成这种并非六角对称的形态。

这枚发育不均衡的蕨叶雪花很有代表性。

8 实心柱状晶

右侧这些实心柱状晶比较短小。

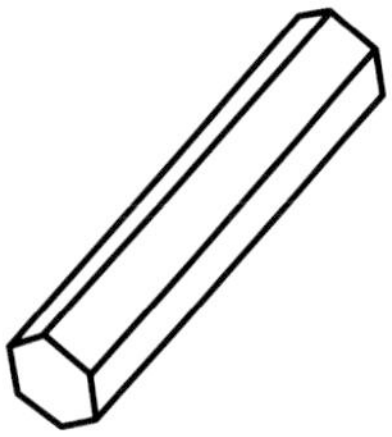

实心柱状晶的形态看起来像较长的六角形棱柱，这种雪晶个体较小，一般在0.2mm左右，肉眼很难分辨，借助于放大镜或相机镜头，可以发现其形态的变化与魅力。

右侧两张图是同一场降雪中拍到的类似的雪花。

右侧这几枚实心柱状晶在其两端生长有类似盖子一样的冠，只是冠的直径与棱柱体直径基本相等，还没有完全生长成冠柱晶。

右侧这枚实心柱状晶形似灯笼，中间粗两端细。

右侧是长短粗细不一的实心柱状晶。

比较长的实心柱状晶。

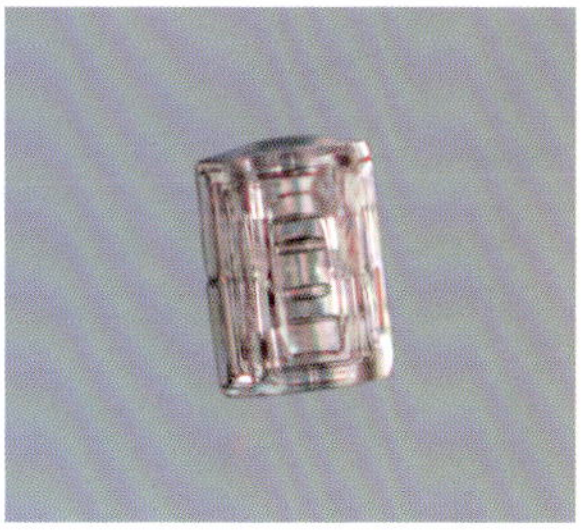

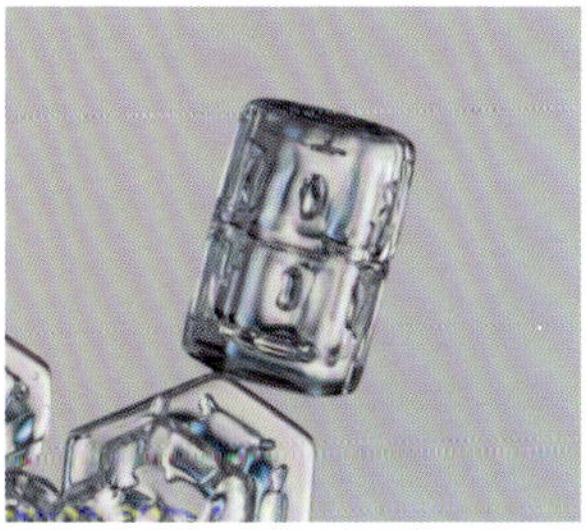
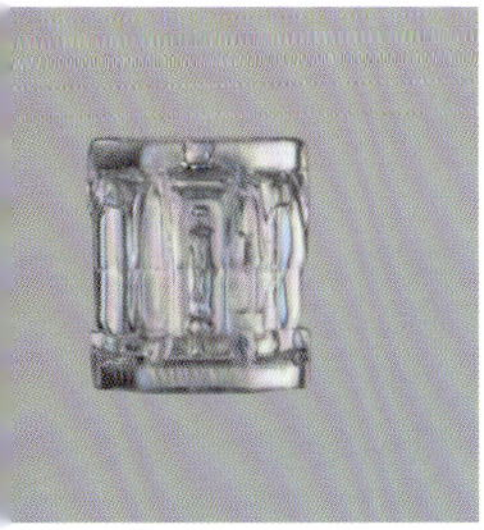

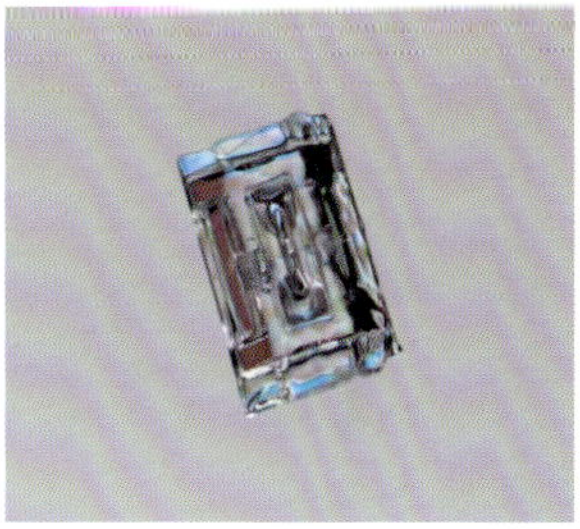

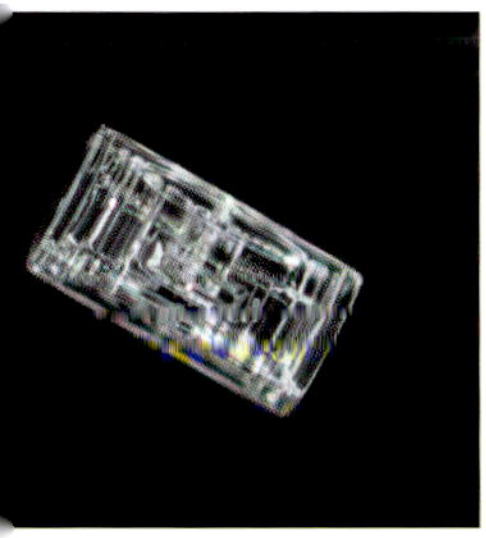
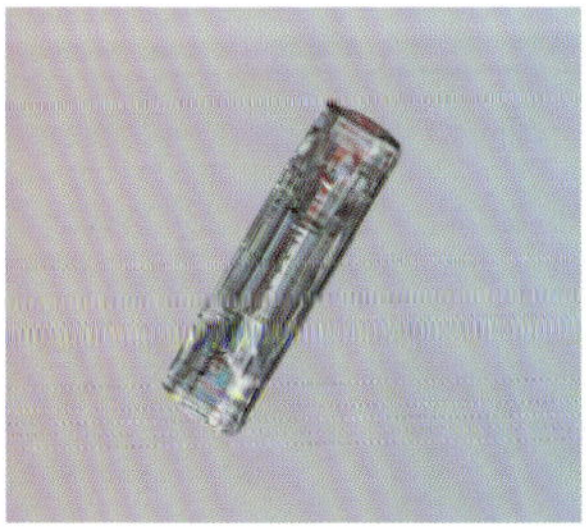
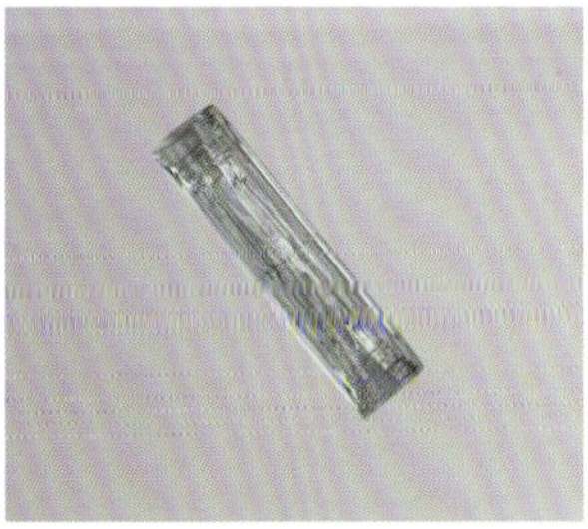

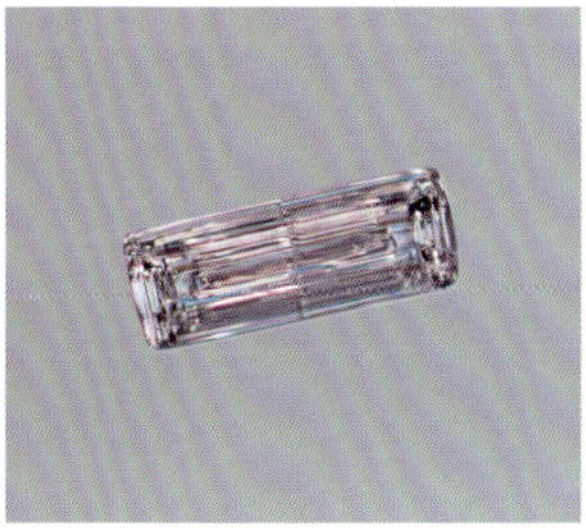

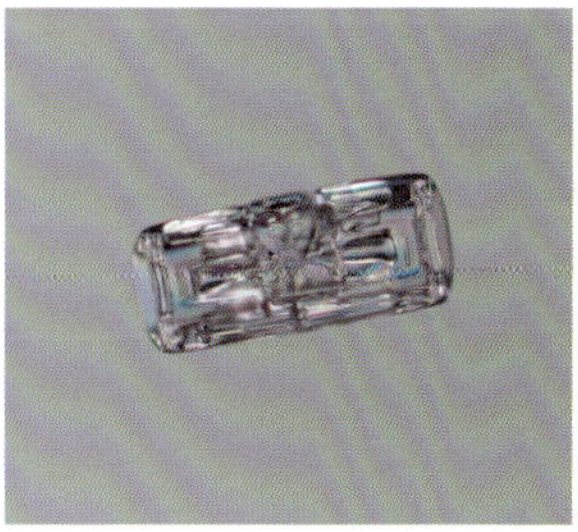

运气好的时候一次可以拍到几种雪晶，上图里包含了实心柱状晶和子弹雪花；下图里包含了实心柱状晶、六角形板状晶、鞘状晶和子弹雪花。

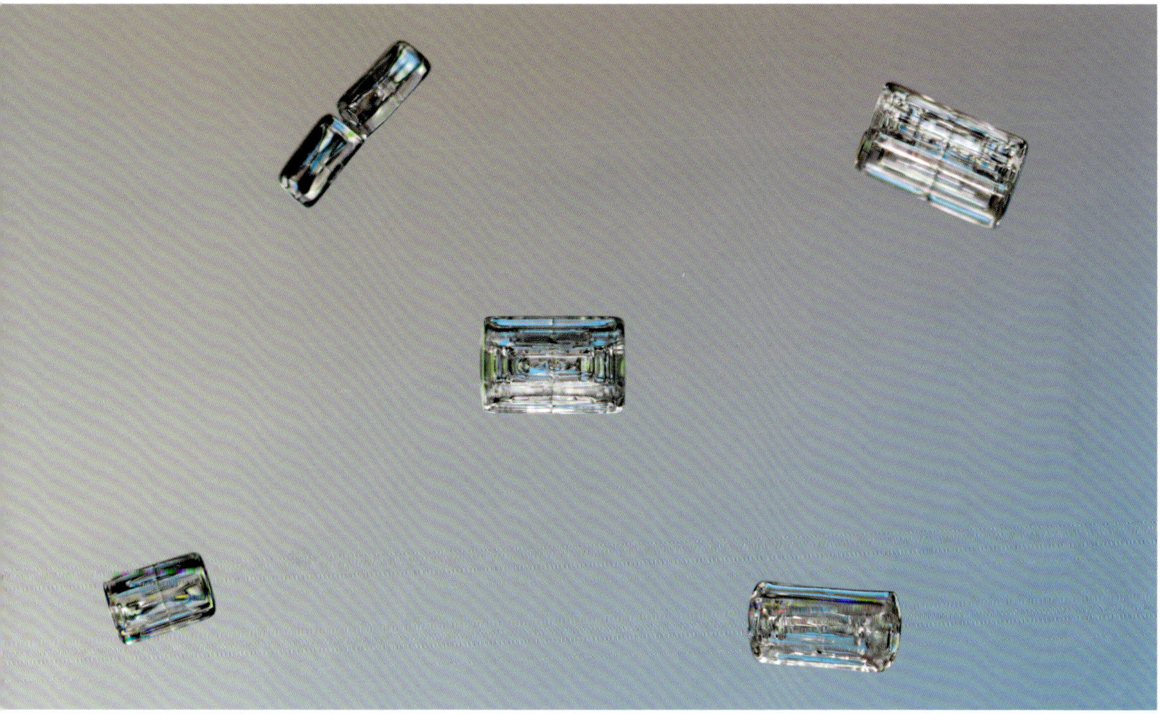

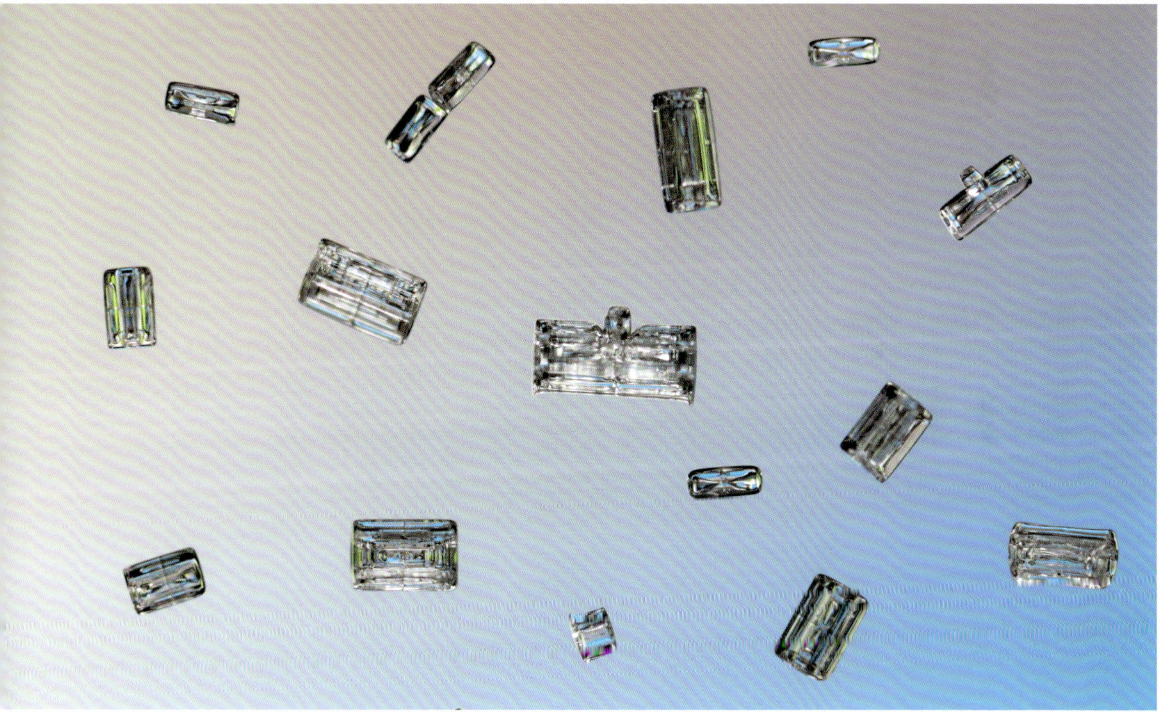

柱状晶拼图。

9 空心柱状晶

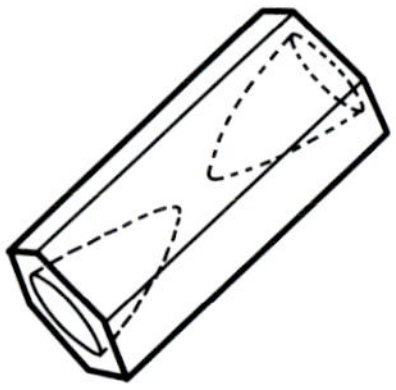

许多柱状晶会在其两个末端发展出空心结构，形成空心柱状晶。

空心柱状晶。

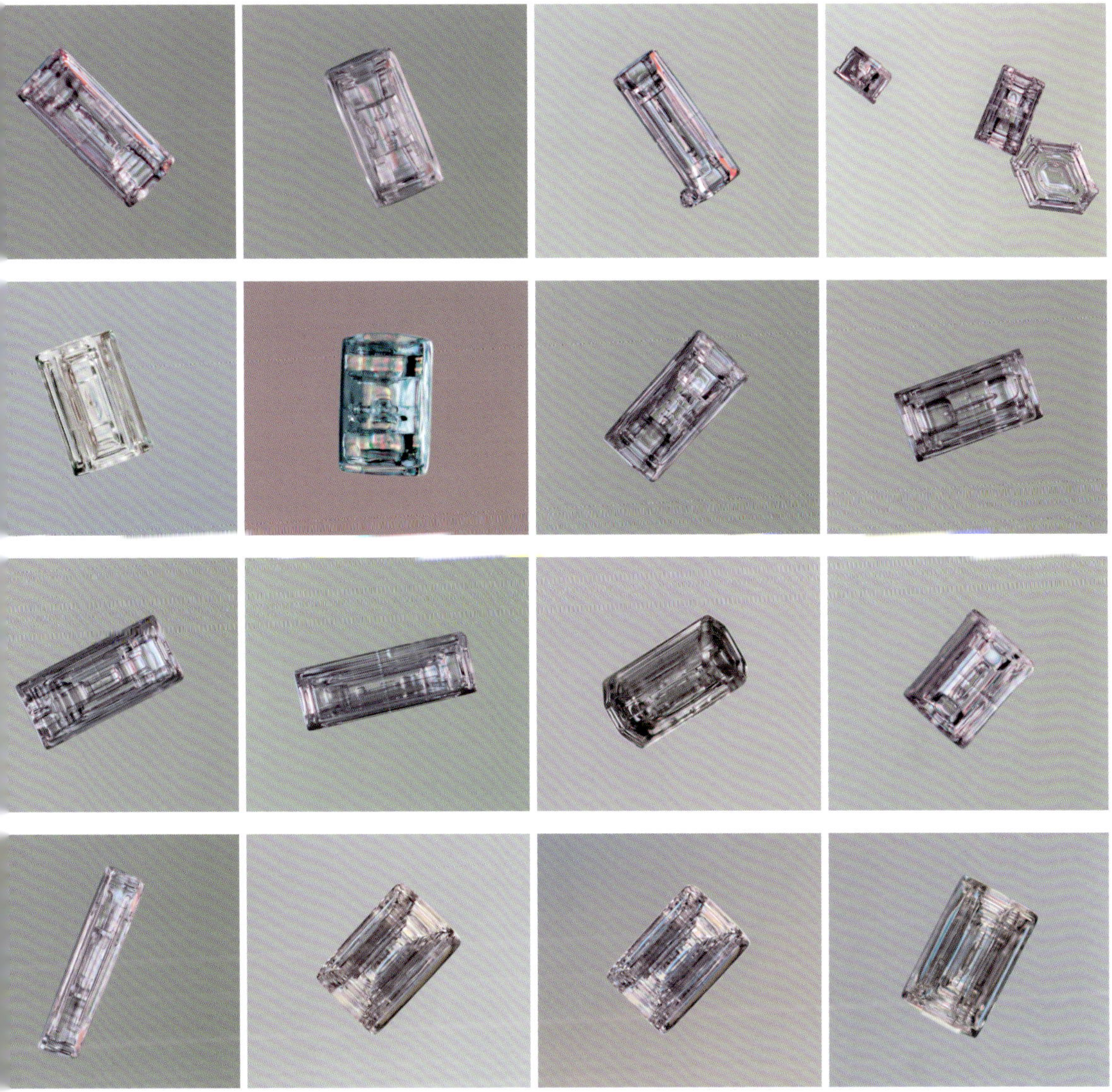

空心柱状晶。

10 子弹雪花

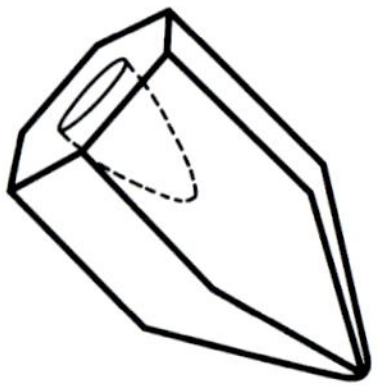

子弹雪花，是一种外形类似子弹的雪花。经常与六角形板状晶和柱状晶等伴随出现，降雪过程的初始阶段和末尾阶段出现较多。

子弹雪花。

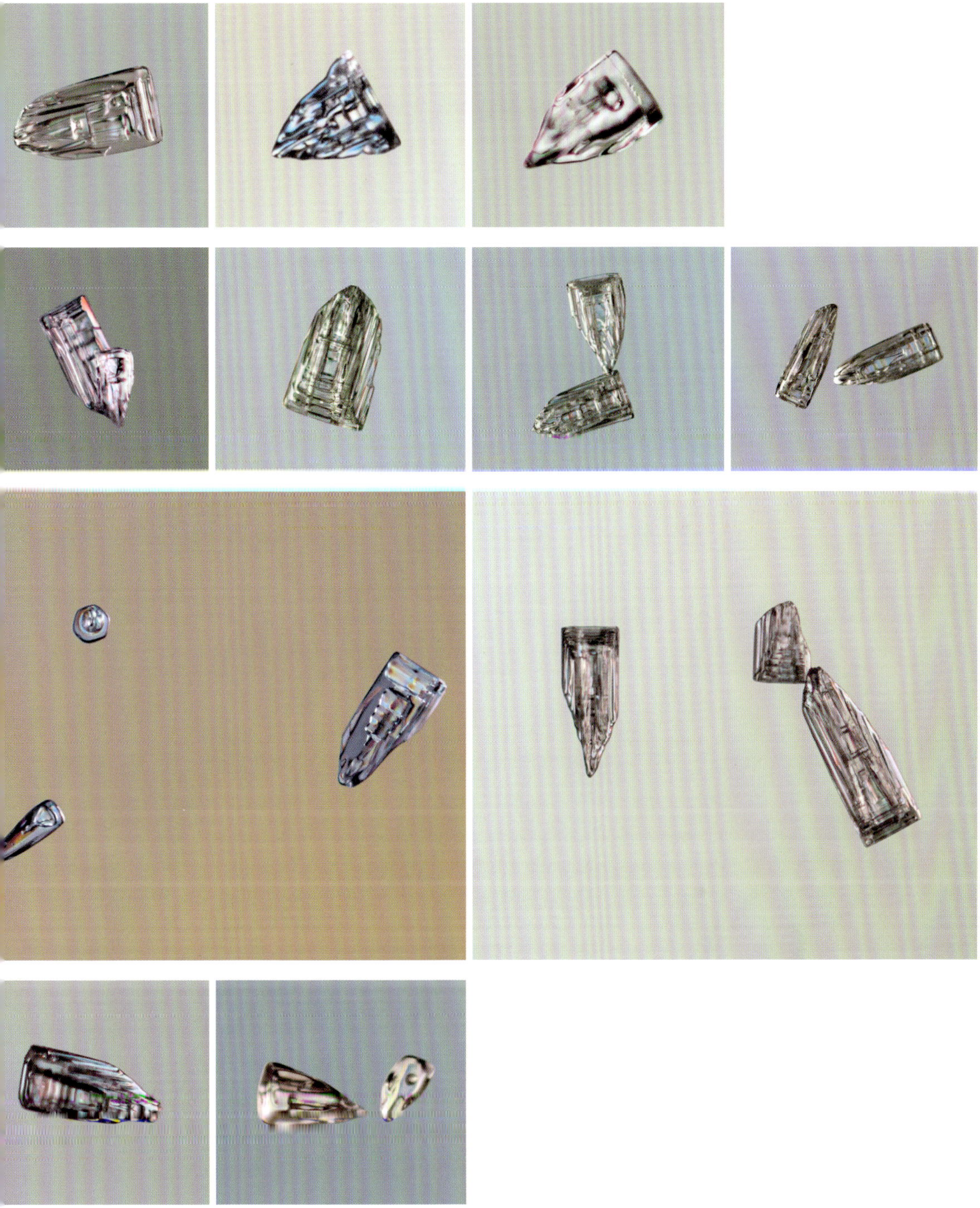

形态各异的子弹雪花。

11 子弹花结

子弹雪花有的单独存在，有的则头部聚集在一起形成子弹结，即子弹花结。

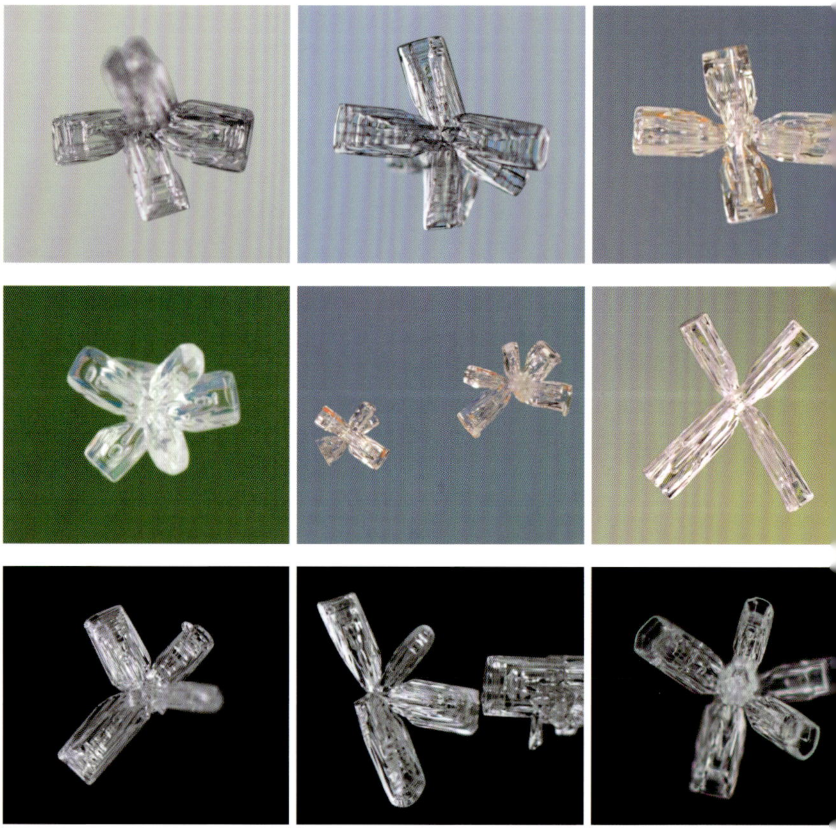

形态各异的子弹花结。

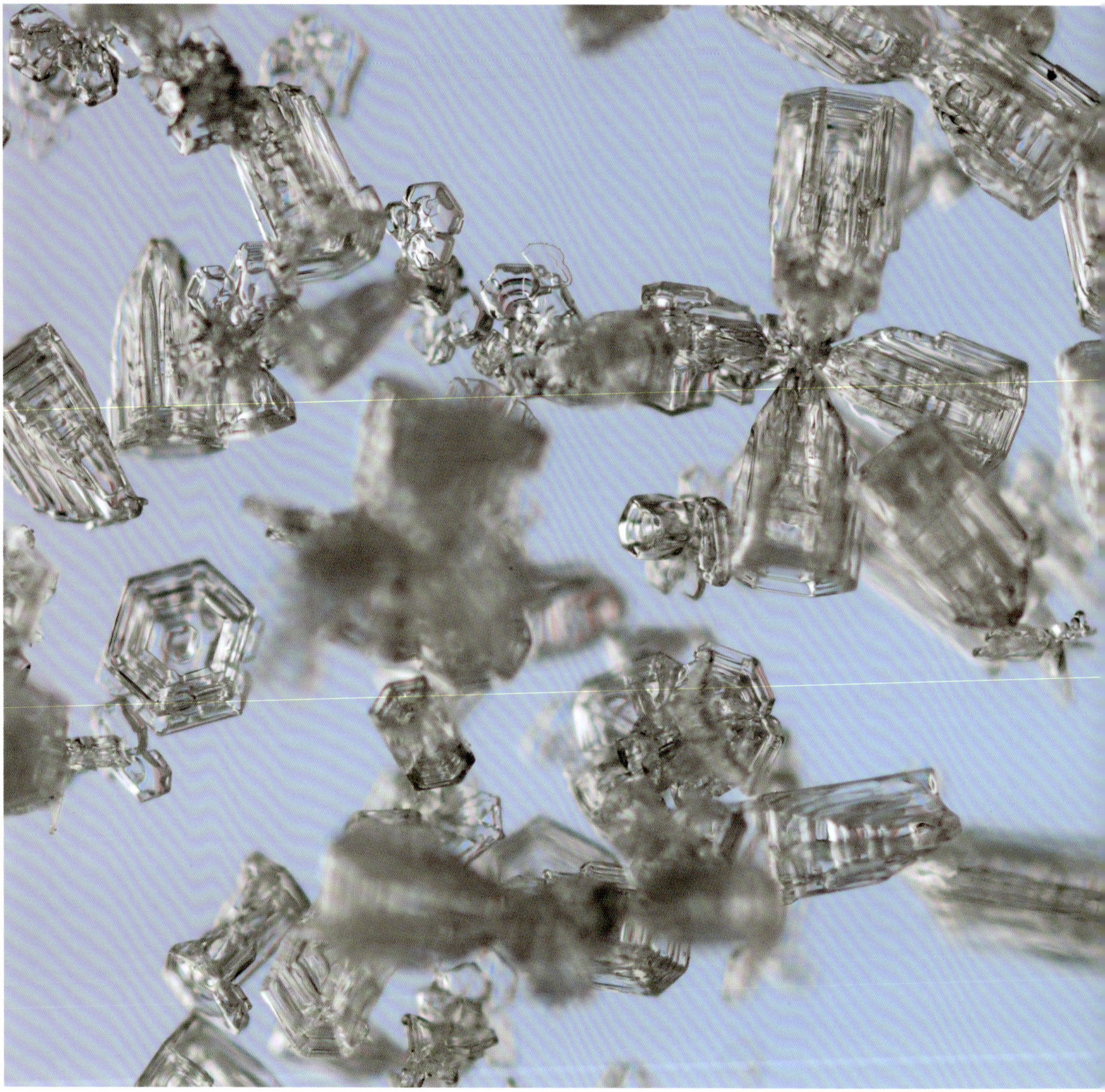

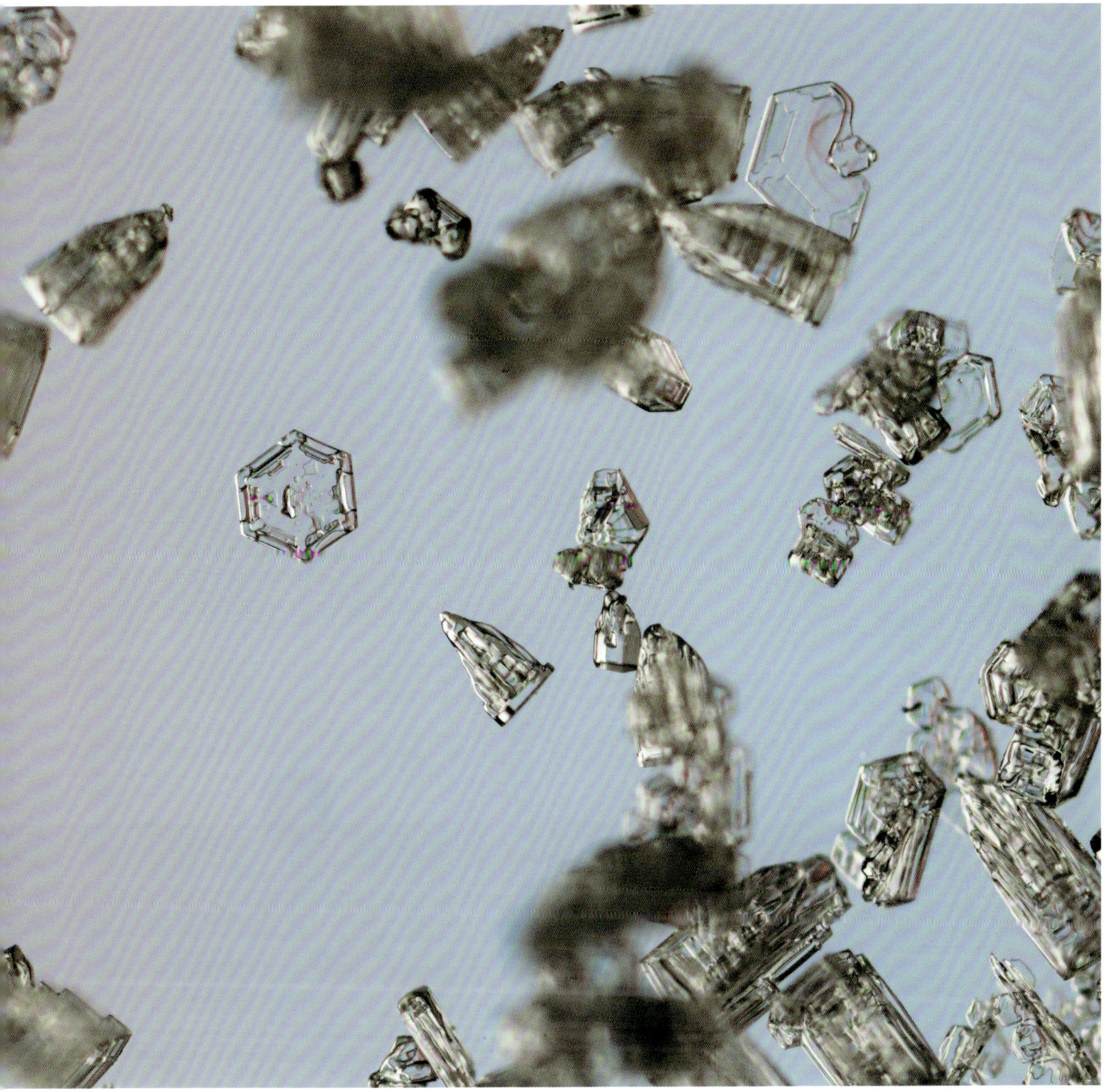

124 页和 125 页的两张图表明，子弹雪花和子弹花结经常与六角形板状晶和柱状晶等伴随出现。

12 针状雪花

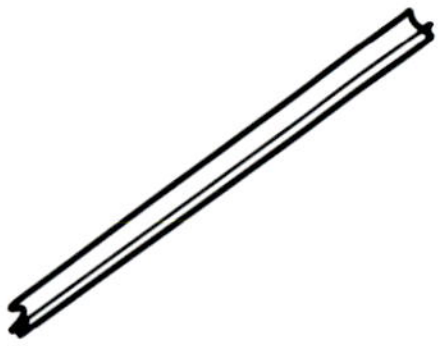

针状雪花因外形似针而得名，体形细长。它时而单个出现，时而几个簇集在一起形成针簇雪花，有时也交叉在一起形成交叉针状雪花。

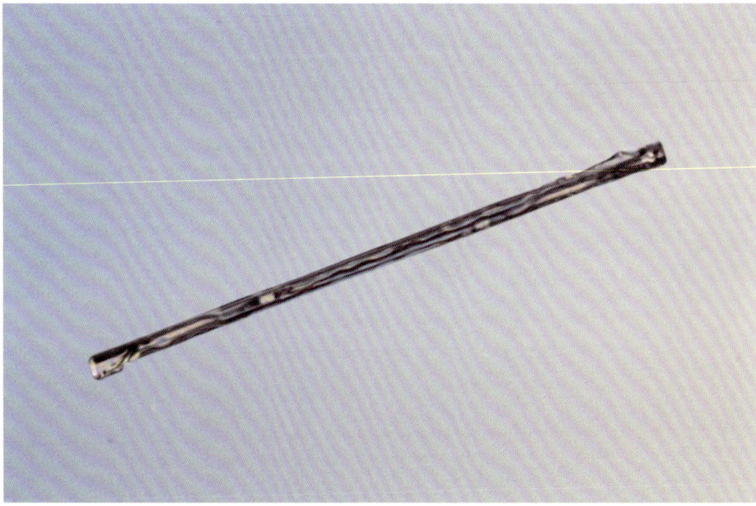

针状雪花。

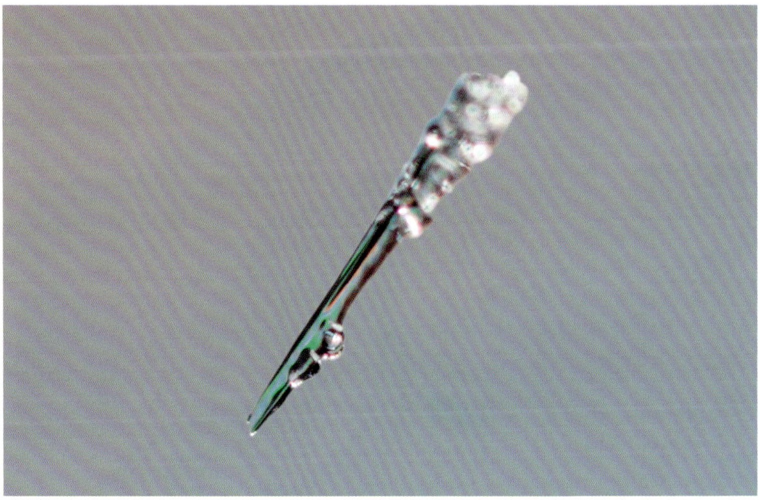

这是一枚结霜的针状雪花。

13 针簇雪花

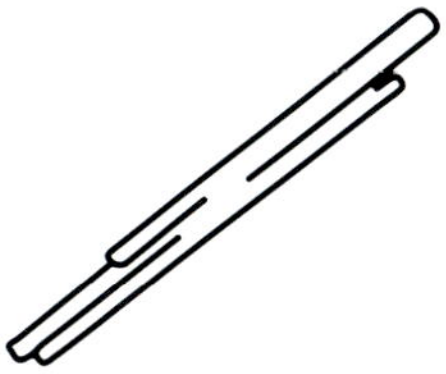

多根针状雪花沿轴向簇集在一起，就形成了针簇雪花。拍到针状雪花和针簇雪花的机会很少。

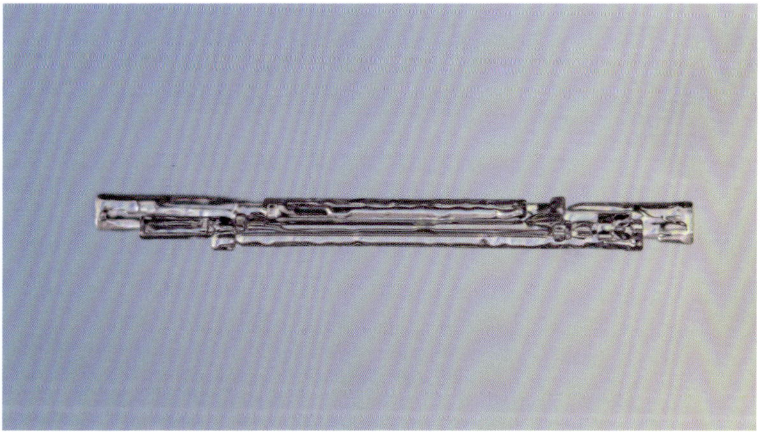

针簇雪花。

14 交叉针状雪花

交叉针状雪花是由两根及以上针状雪花交叉在一起形成的。这类雪花一般较大。笔者没有拍到这种雪花。

15 鞘状晶

鞘状晶的外形似刀鞘，与针状雪花相比略短，如果生长环境条件允许也可能会生长成针状雪花。

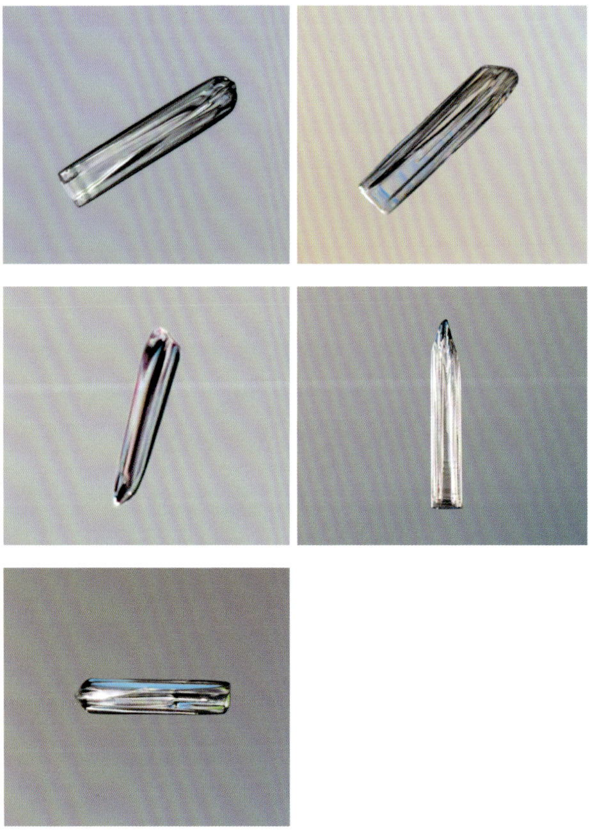

形态各异的鞘状晶。

16 杯状晶

杯状晶形似开口的杯子。笔者拍到的杯状晶的次数很少。

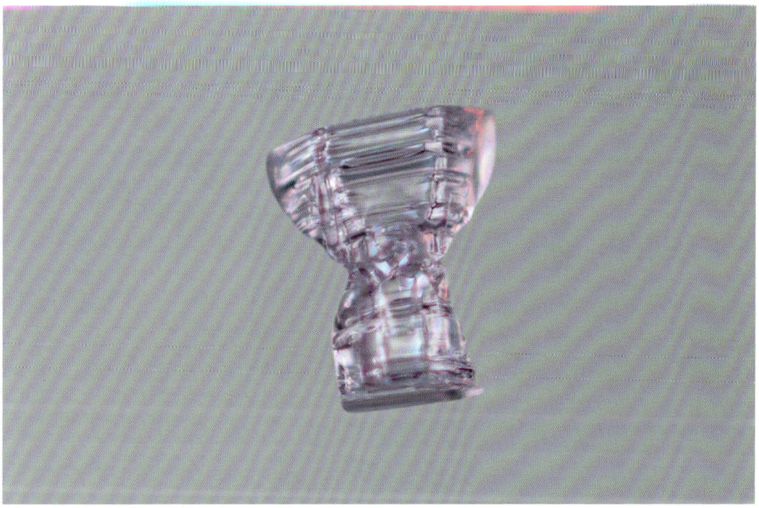

杯状晶。

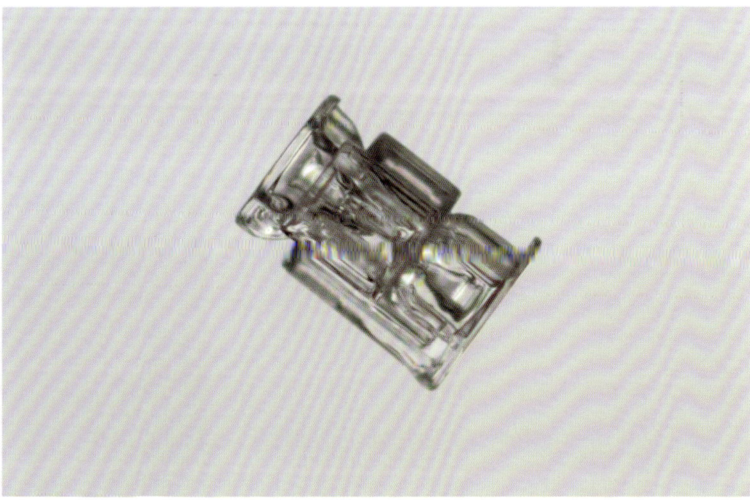

这枚雪花由一端的杯状晶、中间的空心柱状晶和另一端的冠柱子弹雪花结合而成。

17 冠柱晶

右页这枚冠柱晶两端的板状结构较大，非常像一个老式缝纫机的“线梭”。

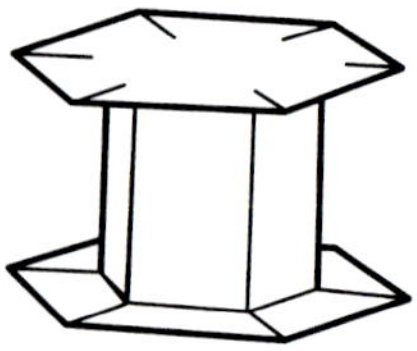

当柱状晶在棱柱体两个末端长出了星形或六角形等板状结构，即形成冠柱晶，侧面看上去，其外形类似老式缝纫机上的线梭。

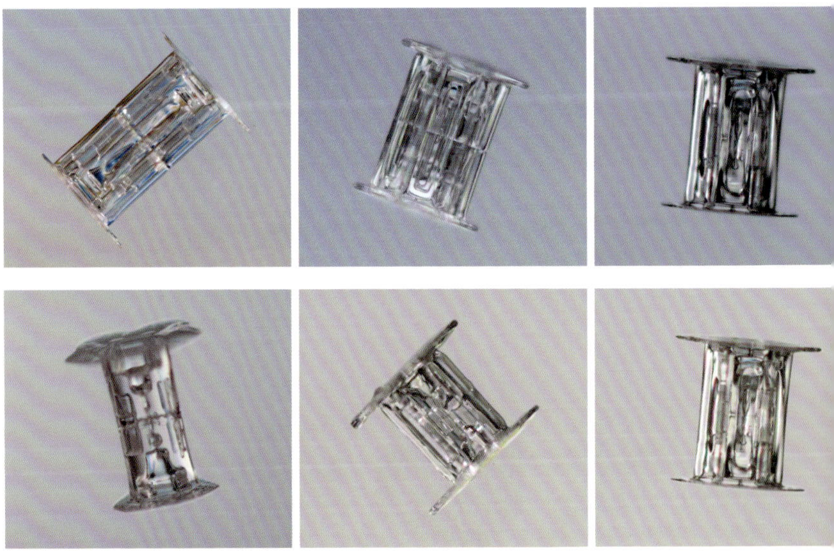

形态各异的冠柱晶。

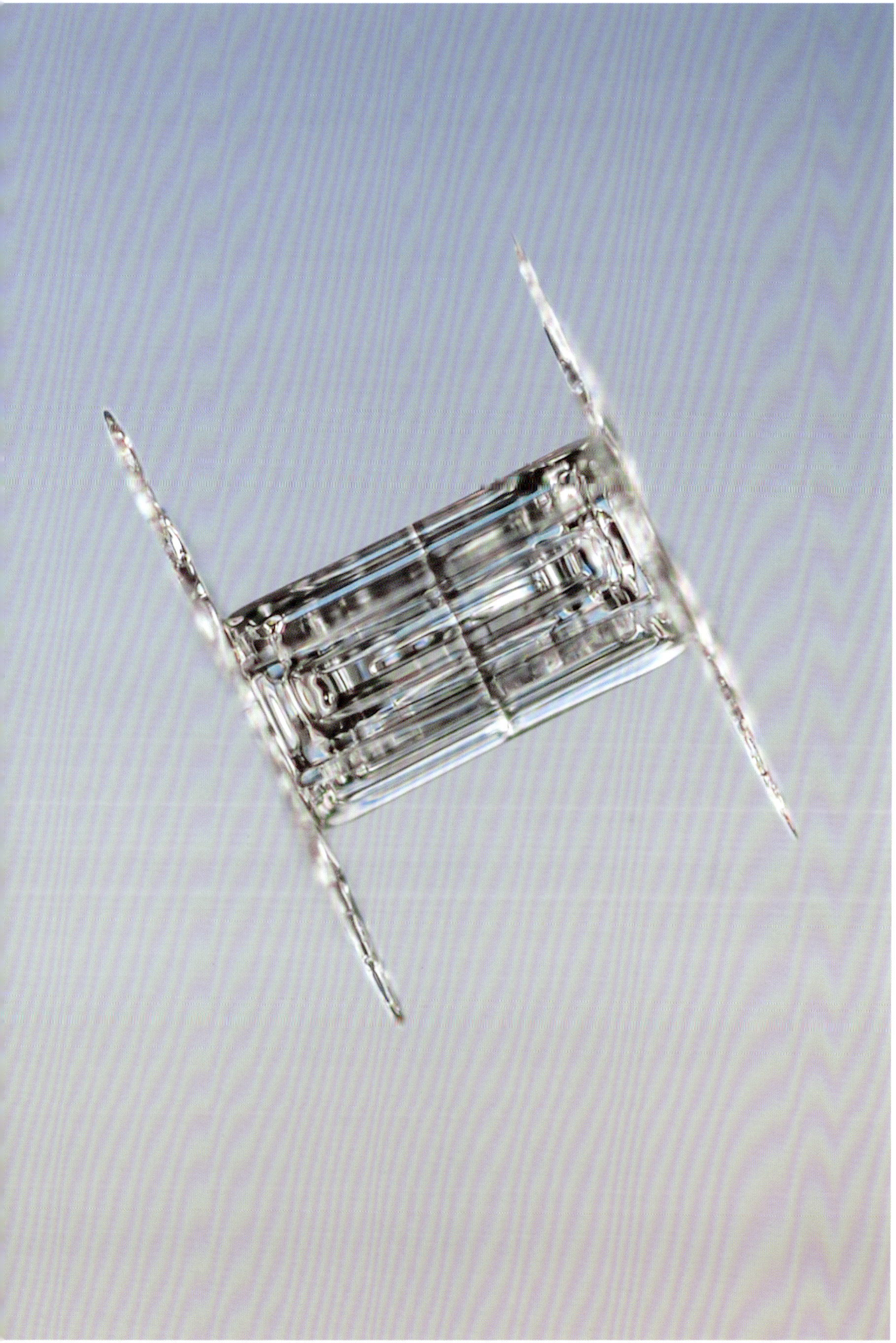

形态各异的冠柱晶。

这两枚冠柱晶两端的冠发育得不均衡，一枚只有一端有冠，另一枚则并不对称。

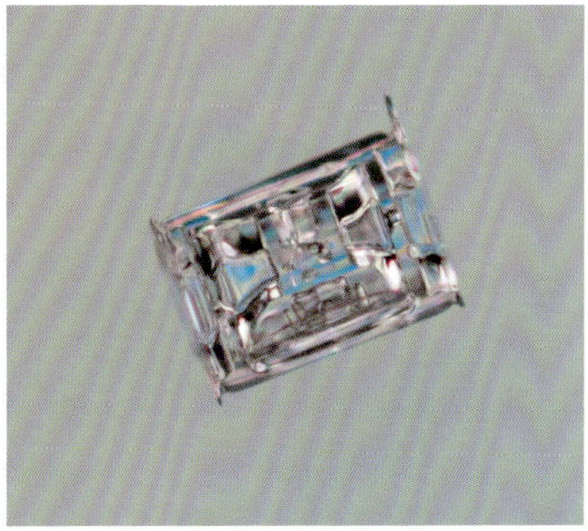

冠柱晶经常与子弹雪花、子弹花结、六角形板状晶、柱状晶等同时出现。

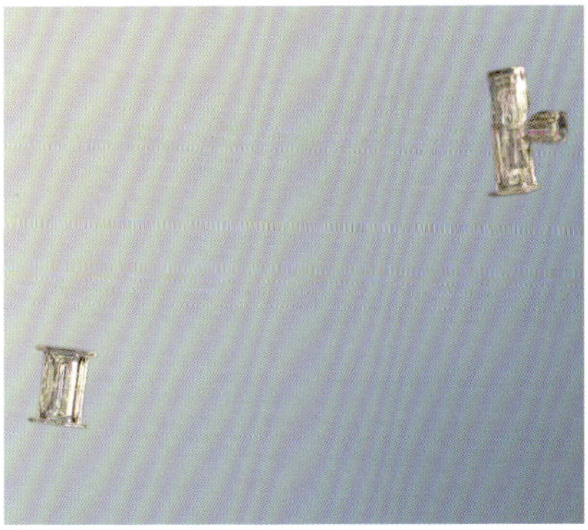

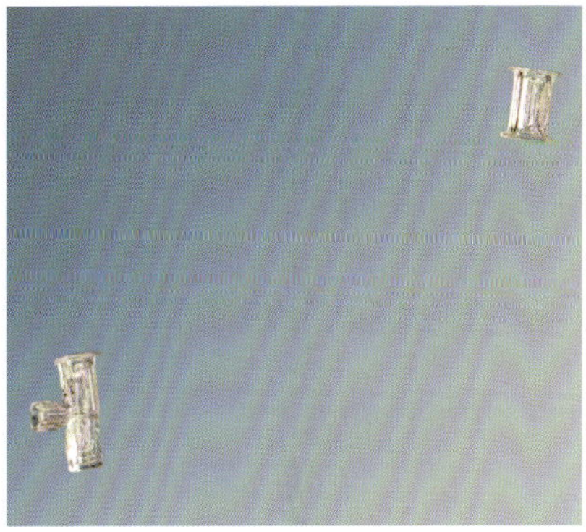

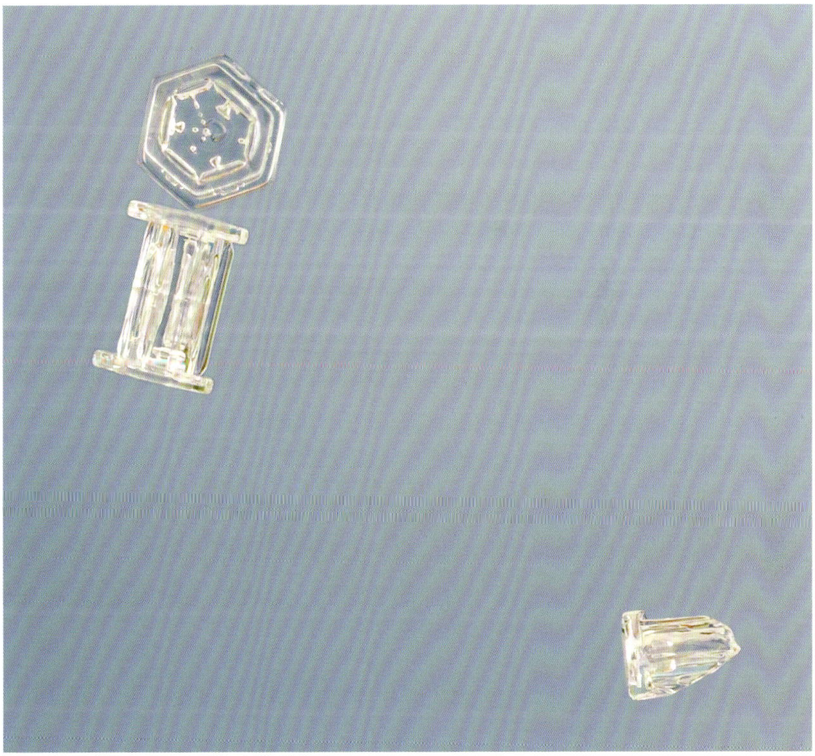

18 多重冠柱晶

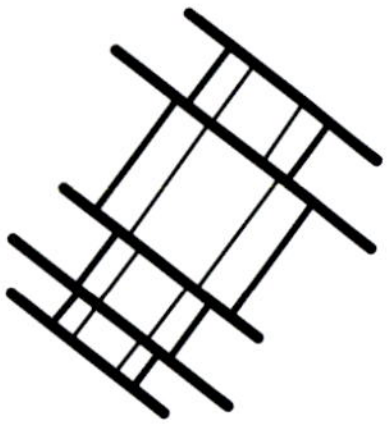

多重冠柱晶是由多个冠柱晶组合在一起而形成。

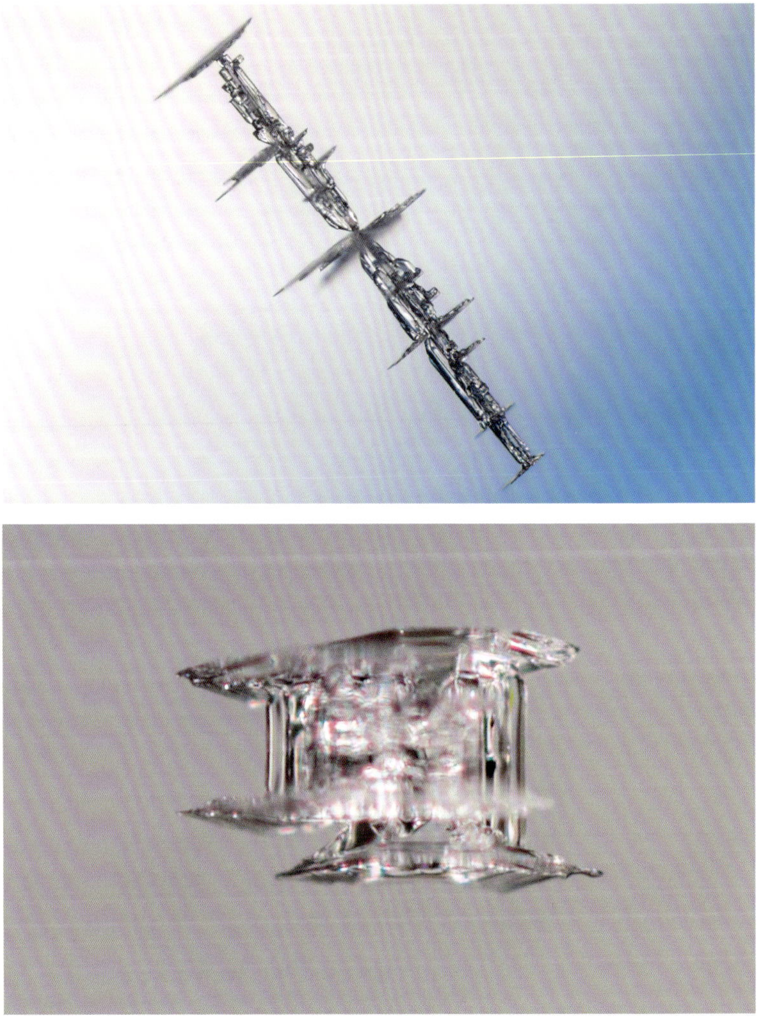

形态各异的多重冠柱晶。

19 冠柱子弹花结

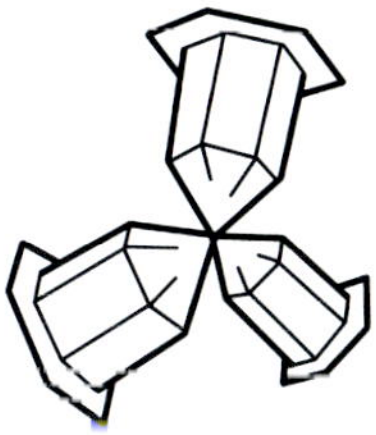

冠柱子弹花结由冠柱子弹雪花的头部聚集在一起而形成。

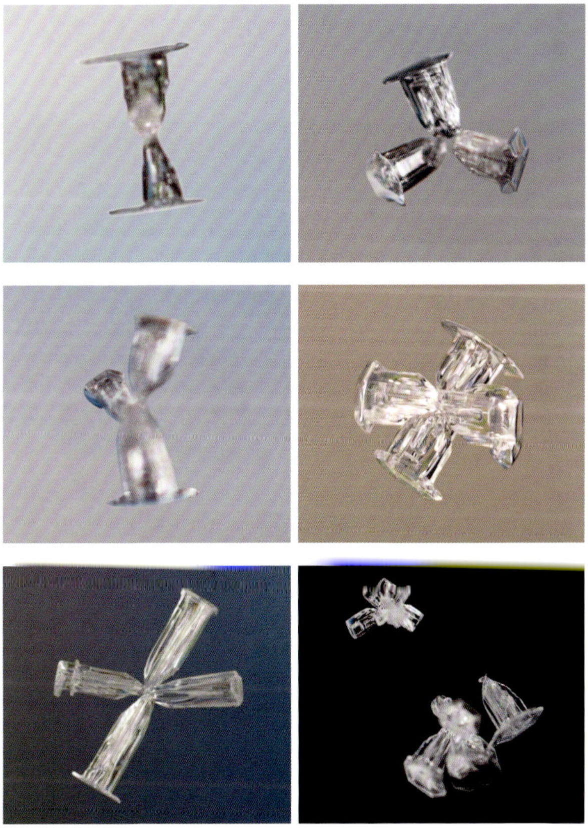

形态各异的冠柱子弹花结。

20 双层板状晶

右页是一枚上下层均为星盘雪花的双层雪花。

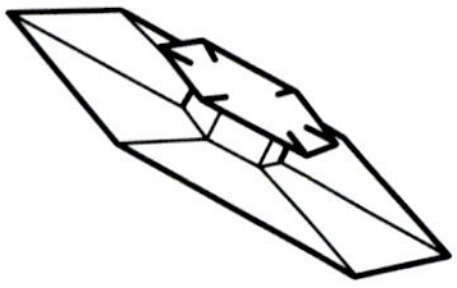

双层板状晶（双层雪花）其实也可以看作是一个矮短的冠柱晶，其两端的板状晶一个明显大于另一个。沿着双层雪花的轴向聚焦上下不同层面，可以观察到雪花两层的虚实变化。

从侧面拍摄的上下层均为星形雪花的双层雪花，能清晰地看到双层结构。

上下层均为星盘雪花的双层雪花。

上层清晰

下层清晰

合成后上下全部清晰

星盘雪花分支末端带有扇形结构的双层雪花。

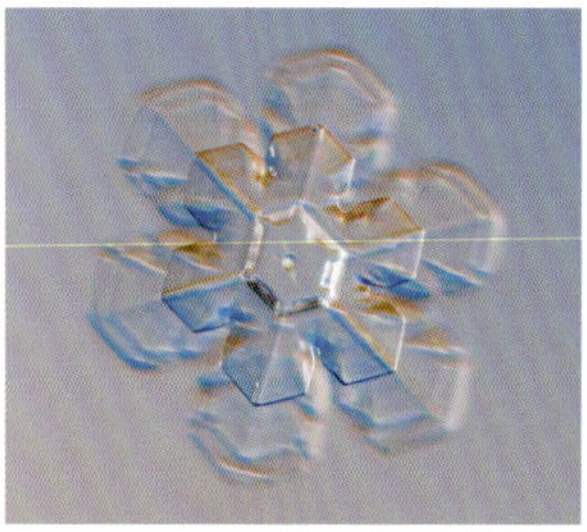
上层清晰

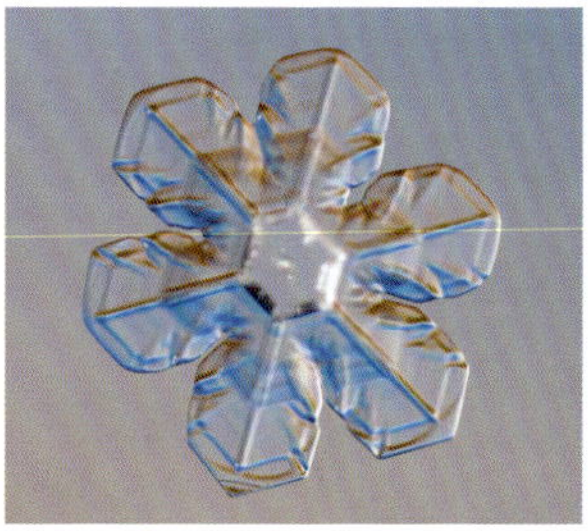
下层清晰

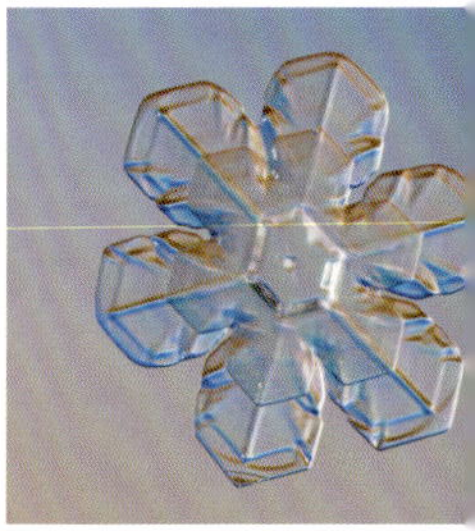
合成后上下全部清晰

上层为星盘雪花、下层为星形树枝状雪花的双层雪花。

上层清晰

下层清晰

合成后上下全部清晰

上下层均为扇形雪花的双层雪花。

上层清晰

下层清晰

合成后上下全部清晰

上层为六角形板状晶、下层为星盘雪花的双层雪花。

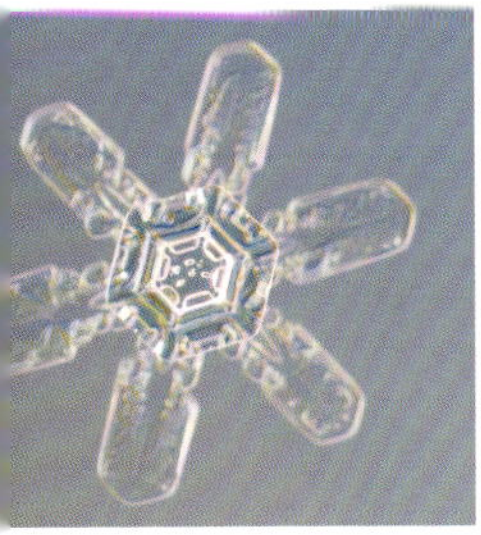

上层清晰

下层清晰

合成后上下全部清晰

上层为六角形板状晶、下层为星盘雪花的双层雪花。

上层清晰

下层清晰

合成后上下全部清晰

上层为星盘雪花、下层为星形雪花的双层雪花。

上层清晰

下层清晰

合成后上下全部清晰

上层为星盘雪花、下层为星形雪花的双层雪花。

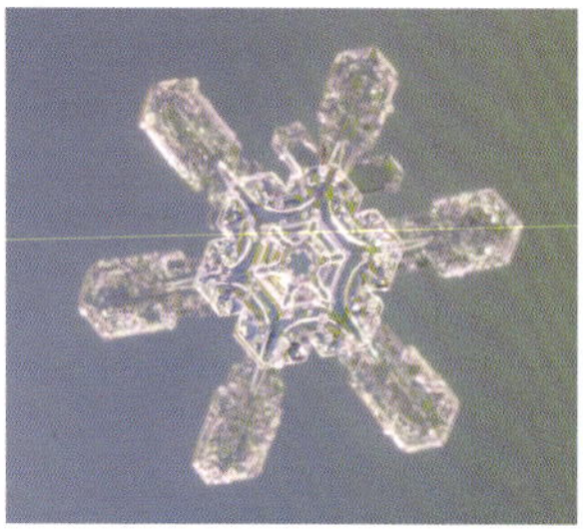

上层清晰

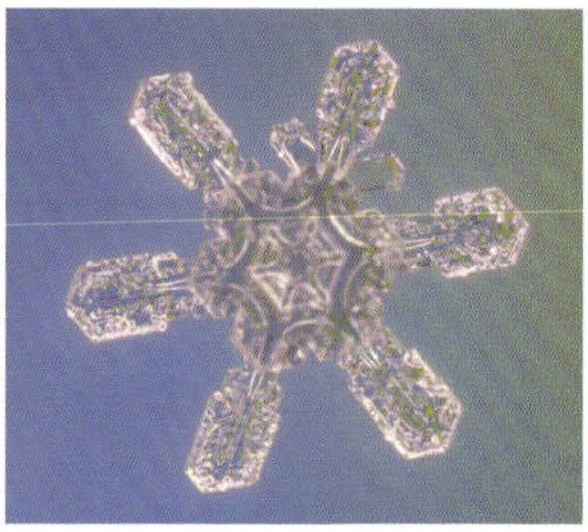

下层清晰

合成后上下全部清晰

右侧和下页为 4 枚上层清晰、下层不清晰的双层雪花。

21 空心板状晶

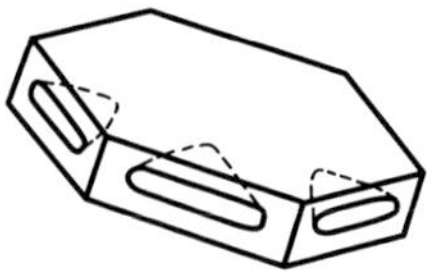

空心板状晶。

空心板状晶即六角形板状晶在边缘或中心生长出空心结构。许多六角形板状晶在其形成的过程中会在其边缘发展出空心结构，但由于雪花的特殊性，即使在高倍的镜头下，有时我们也很难分辨出来。

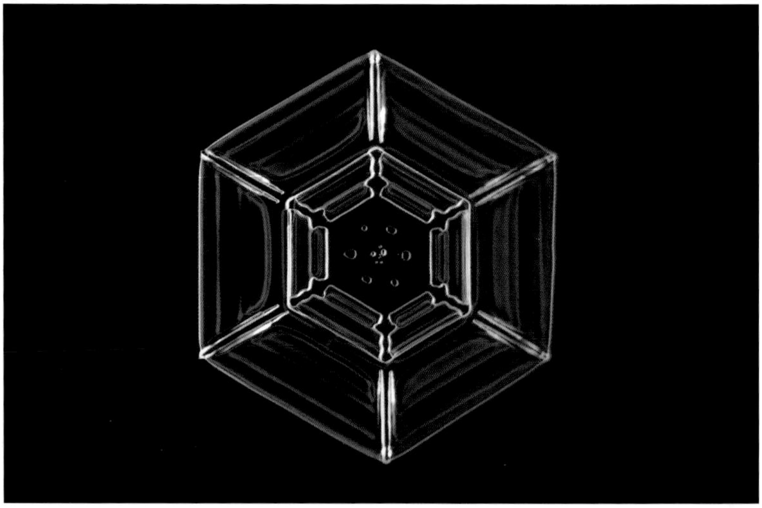

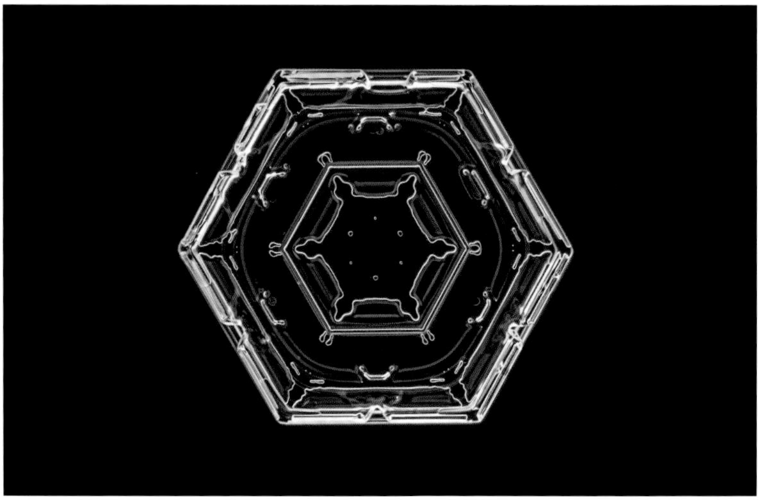

22 分裂的板状 / 星状晶

右侧是几枚分裂的六角形板状晶。

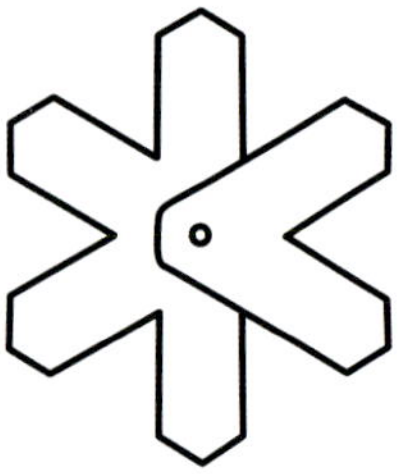

肯尼思·利布莱希特教授认为，当冠柱晶的一个末端的板状晶的一部分长得足够大，加上另一个末端的板状晶的互补部分，这就是冠柱晶的另一个变种，我们把这种晶体叫作分裂的板状晶或者分裂的星形雪花。这种冰晶的形成类似双层板状晶，不同的是，它并不是两层均衡生长，也不是其中一片板状晶盖过另一片，而是两片板状晶各有一部分占据生长主导地位，两片板状晶形成互补。

右侧这枚分裂的六角形板状晶一半表面平滑，另一半则带有丰富的年轮和辐射状纹路，这种情况并不多见。

右侧是几枚分裂的星形雪花。

分裂的扇形雪花。

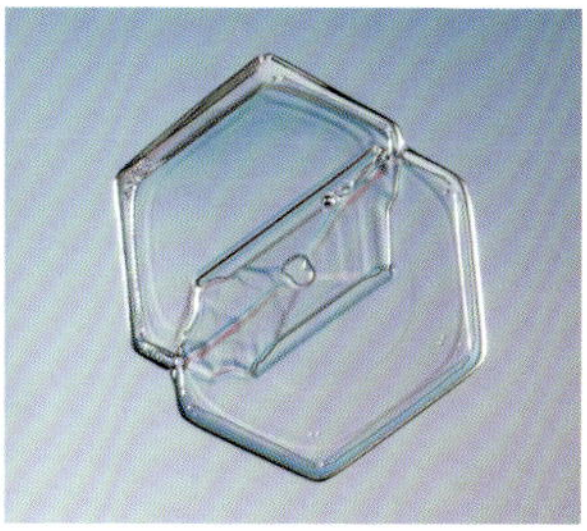

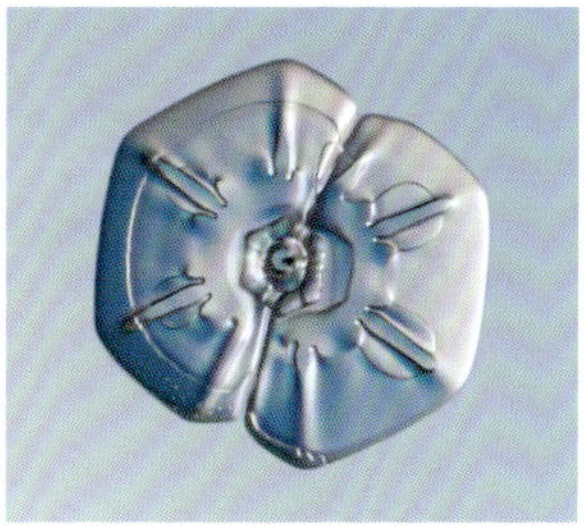

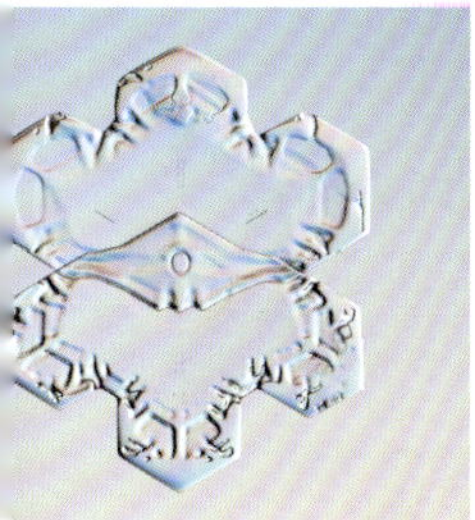

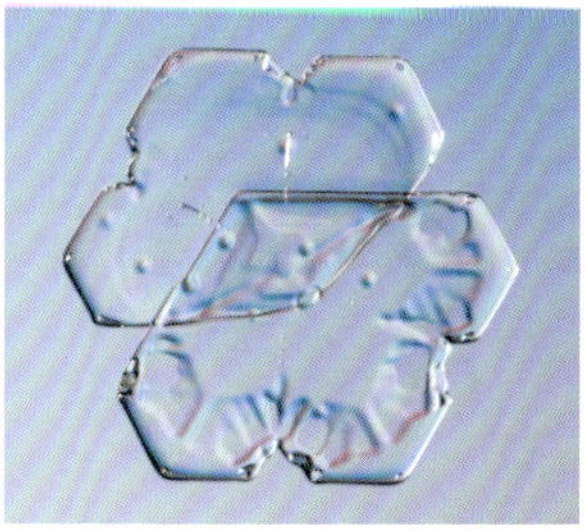

这枚雪花分裂成了五个部分，生长有10个分支。

分裂的星形树枝雪花。

分裂的星形树枝雪花。

分裂的星盘雪花。

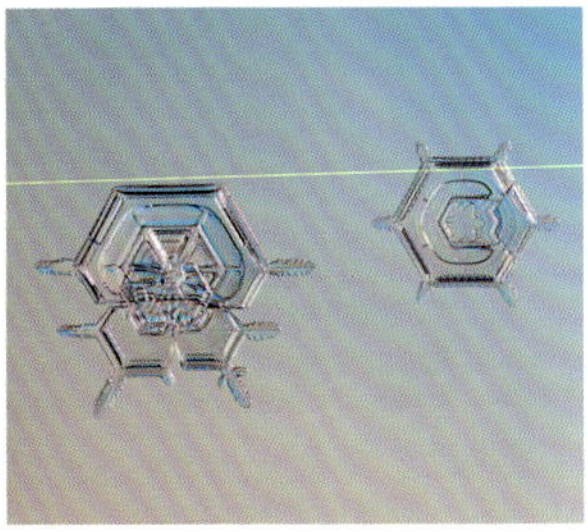

除了分裂的板状晶外，柱状晶偶尔也有分裂的现象。

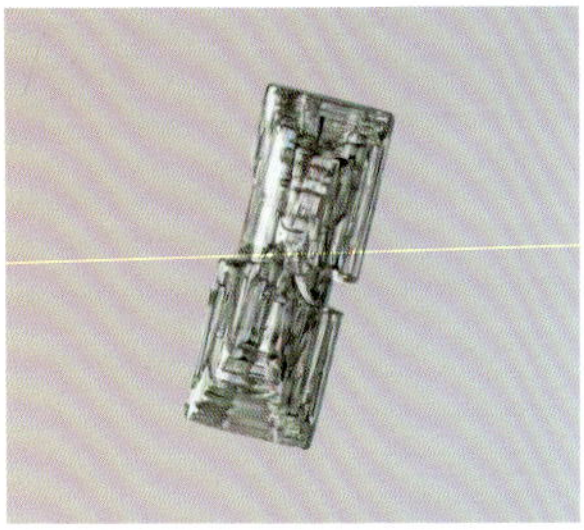

这两枚雪花都分裂成了四瓣。

这两枚雪花分裂得有点夸张，两瓣雪花断开得比较远。

这枚分裂的星形雪晶，其中两个分支比较平滑，另外四个分支则纹理丰富。

23 骨骼形雪晶

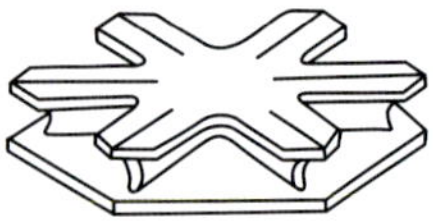

骨骼形雪晶是六角形板状晶与宽厚的星形雪花组合而成的特殊雪花。

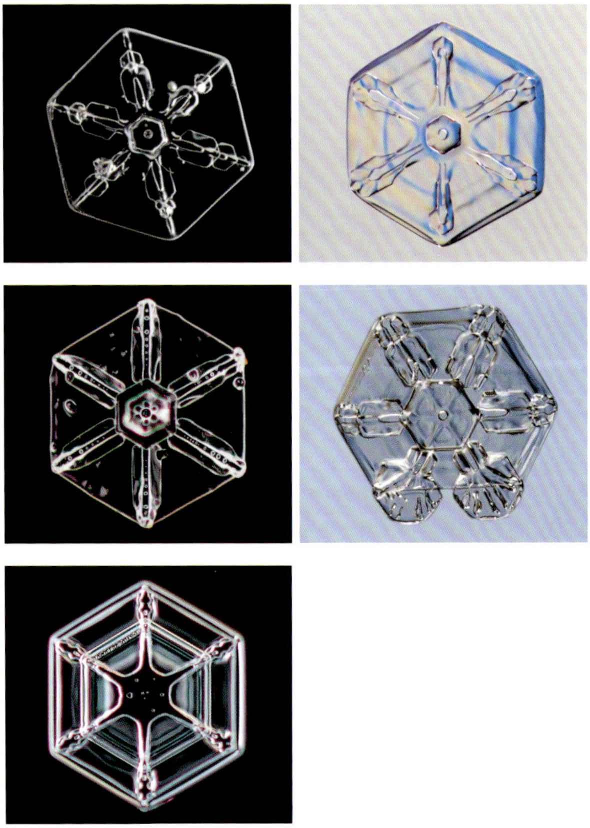

形态各异的骨骼形雪晶。

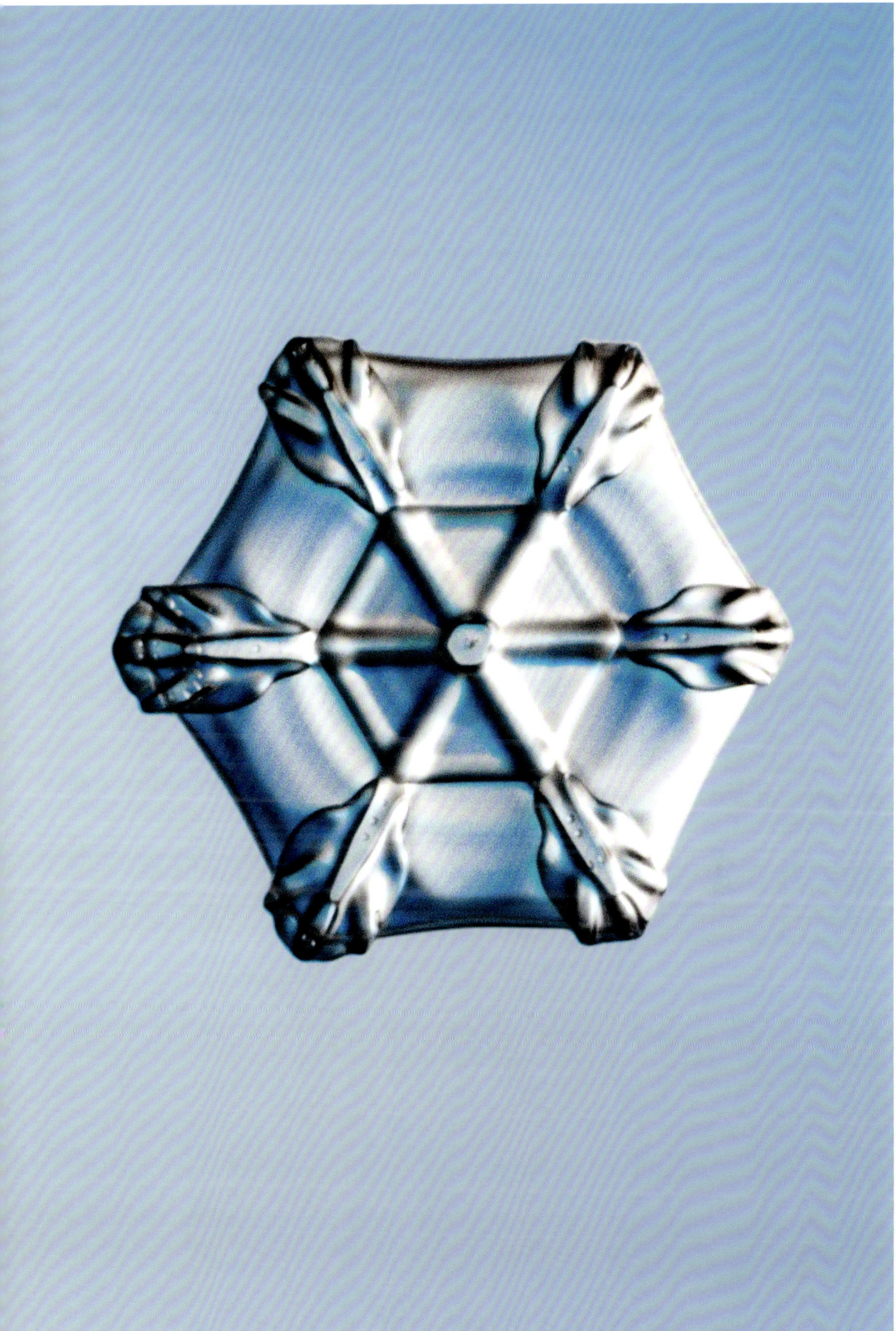

24 孪生柱状晶

右侧是几枚结合线两端对称的孪生柱状晶。

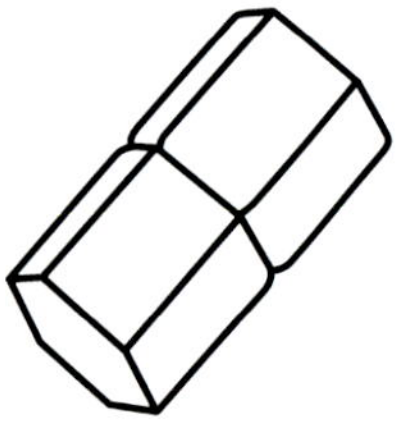

结合线两端对称的孪生柱状晶。

当两个柱状晶同轴结合在一起，就形成了孪生柱状晶。孪生柱状晶在外形上与单个柱状晶很相似，但仔细观察就会发现它们中间会有一条明显的结合线，结合线两端的柱状晶基本对称，但也有例外。

有些时候，两个或多个柱状晶会相互平行或垂直地黏合在一起，形成一种特殊的孪生形态。

右侧是一枚结合线两端不对称的孪生柱状晶。

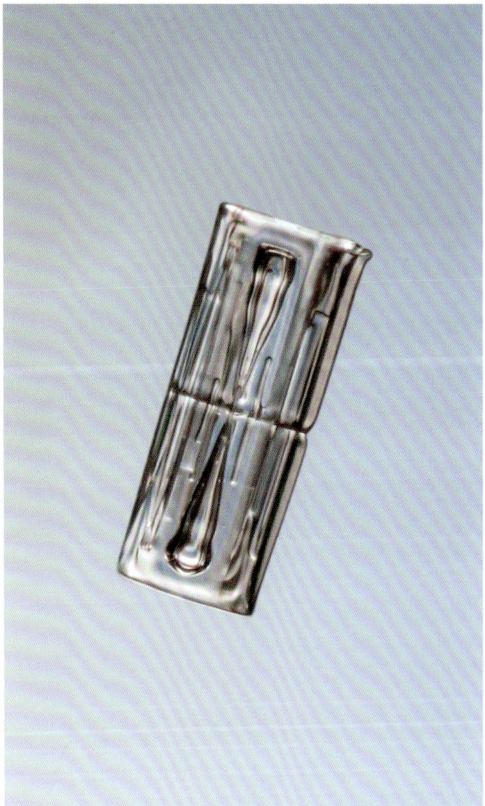

右侧这个柱状晶由两个平行的孪生柱状晶组合而成。

右侧是一个交叉状的孪生柱状晶，一个柱状晶与另外两个柱状晶轴向垂直，呈交叉状。

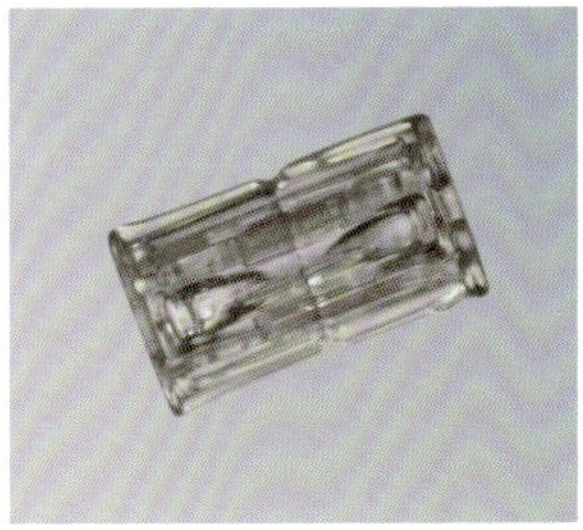
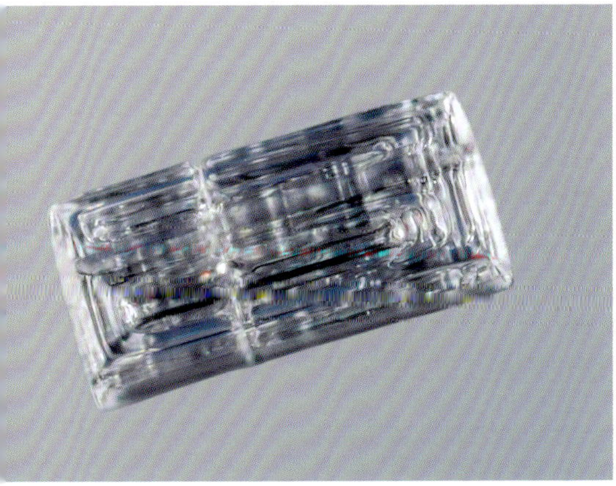
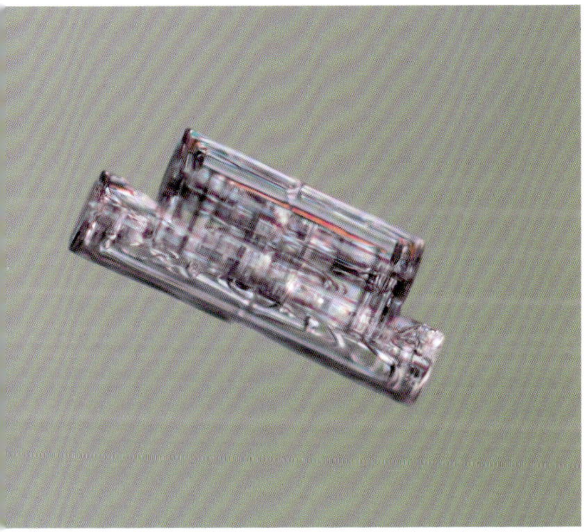
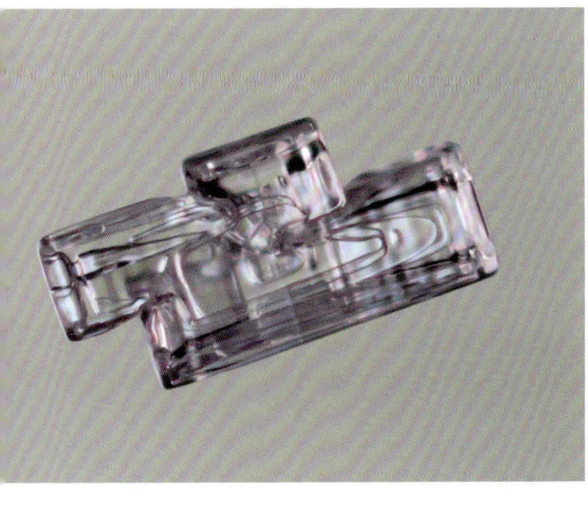

154 页和 155 页这两枚孪生雪晶有所不同，它的两部分同轴，但柱体形态不同，下面是柱状晶，上面是短粗的子弹状，看起来像两个精致的香水瓶，也算是孪生雪花的另类吧。

25 孪生箭头形雪晶

孪生箭头形雪晶是由两个或两个以上的箭头状雪晶有序地连接在一起而形成。

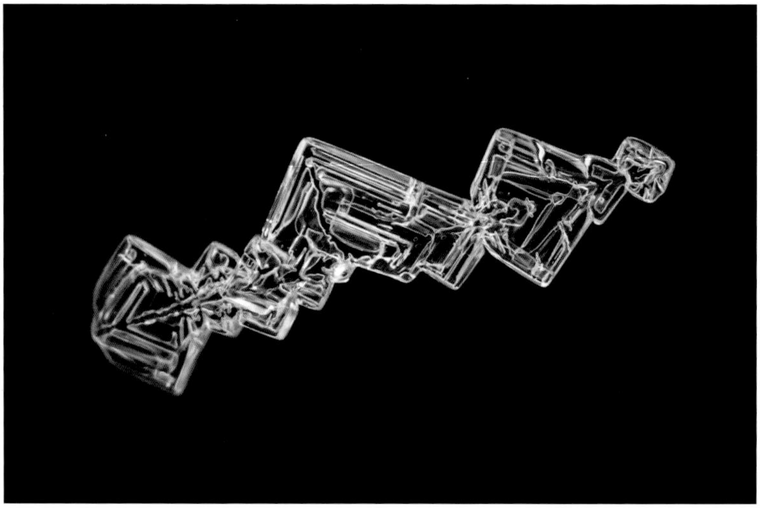

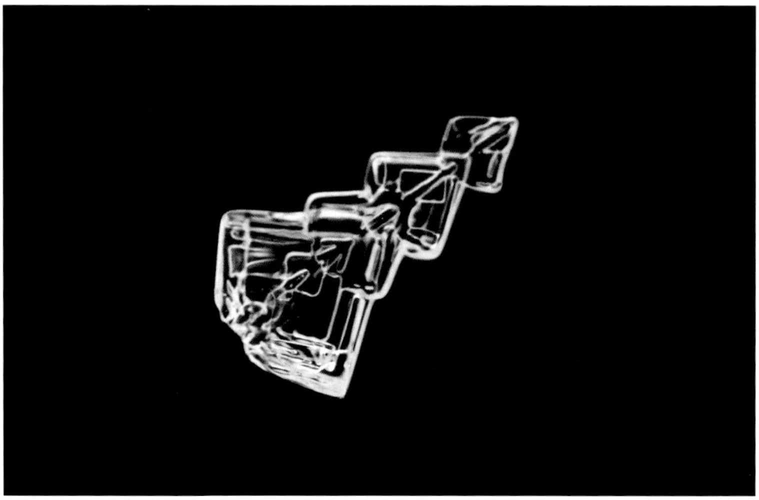

形态各异的孪生箭头形雪晶。

26 交错板状晶

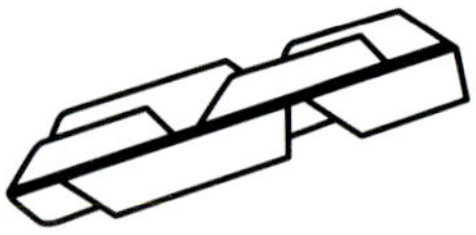

交错板状晶是由两个或多个板状晶交错在一起而形成。

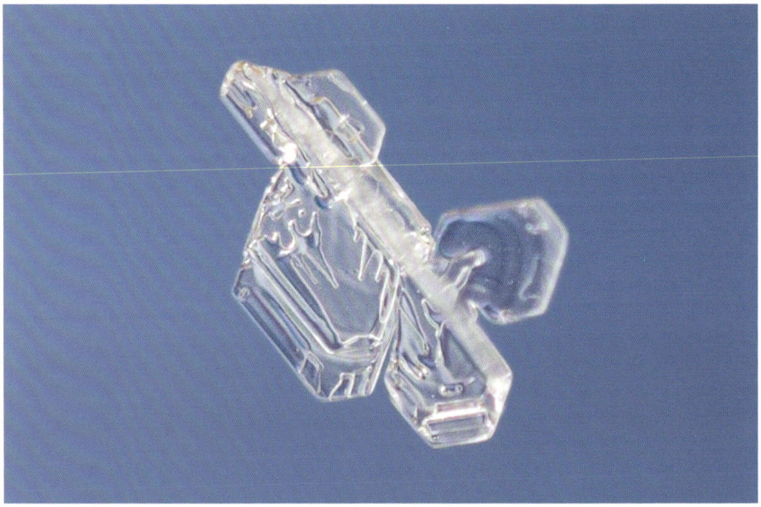

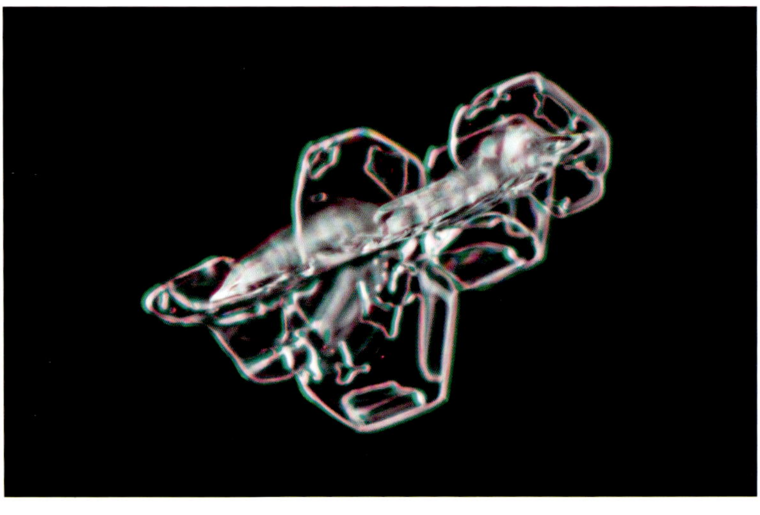

可爱的交错板状晶。

27 三角晶

右侧是几枚简单的平头三角晶，最后一枚的图案看起来像一个沮丧的小人。

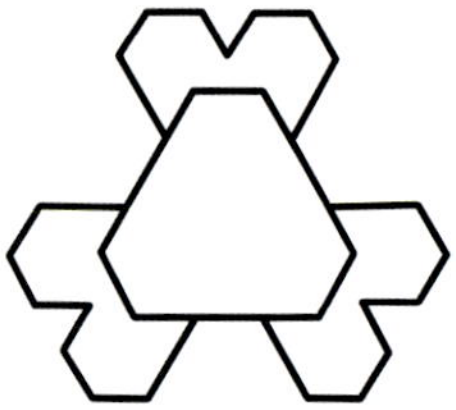

这里所说的三角晶并不是只有三条边，而是与六角形雪晶本质上一样，有六条边，只是有三条边相对较短，形成了平头三角形雪晶。

右侧是几枚星盘状三角晶。

右侧是几枚扇状三角晶。

右侧这枚星盘状三角晶分支发育得不均衡，下面的两个分支生长较快，中间的两个分支也已经开始生长，而上面两个分支还没开始生长。

一枚非常漂亮的星盘状三角晶。

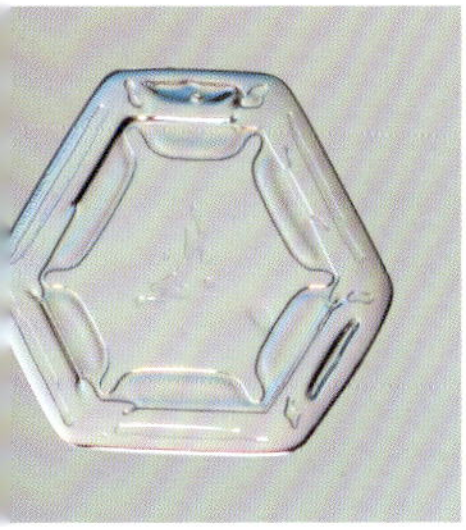
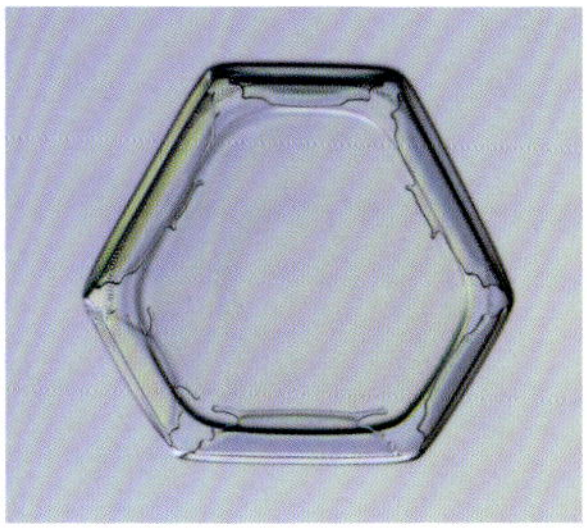

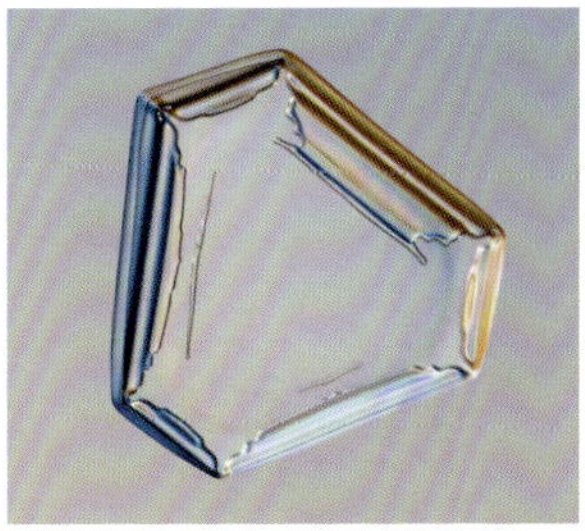

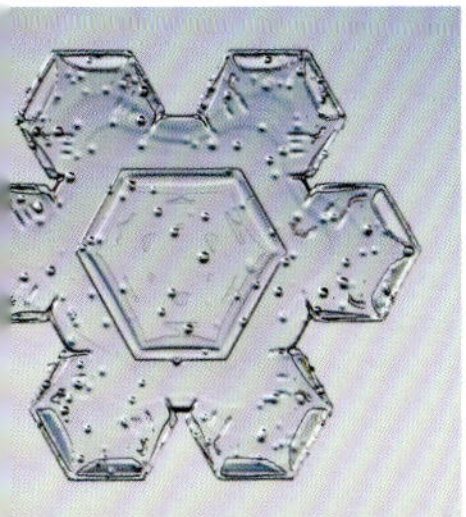

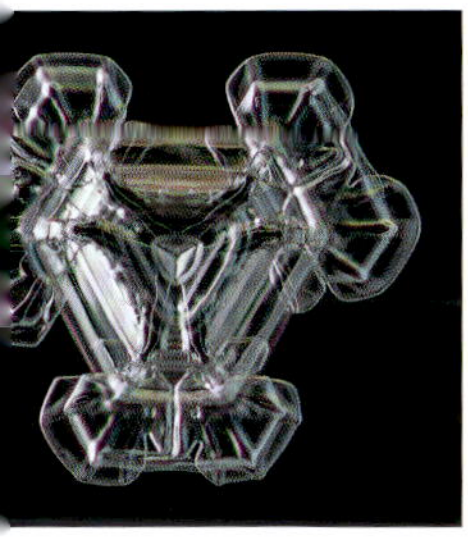

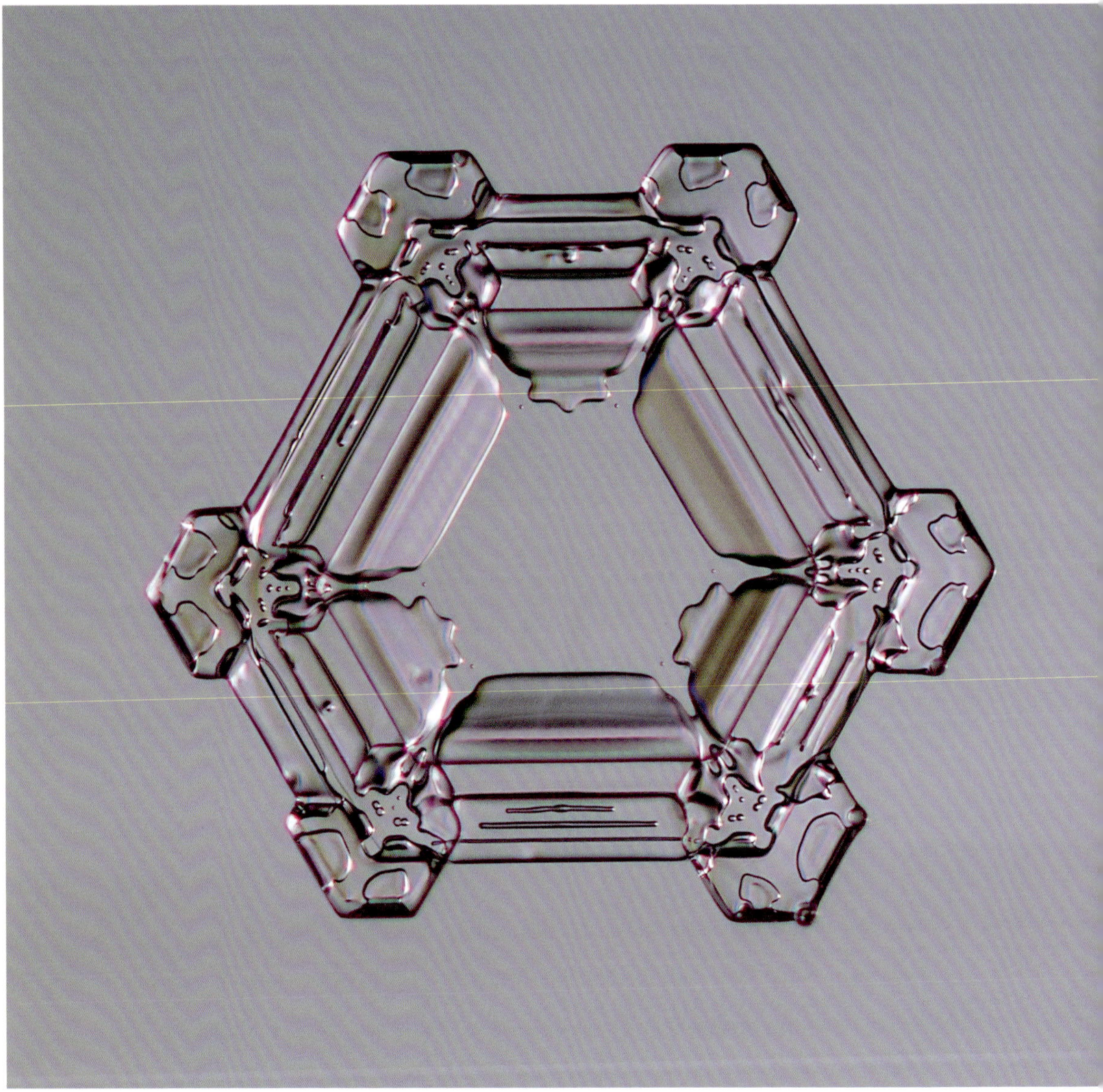

162 页和 163 页是先后拍摄的同一枚星盘状三角晶，后一张里的雪花明显比前一张光滑圆润，说明雪花产生了升华。

28 十二瓣雪花

右侧是几枚完美的十二瓣雪花。

两个六瓣雪花同轴且分支错开一定角度，就形成了十二瓣雪花。如果轴心完全重合，分支错开的角度正好是30度，就形成完美的十二瓣雪花。

这枚十二瓣雪花，左边是由 17 张图片堆栈而成。

一枚完美的十二瓣雪花和一枚六瓣星盘雪花粘连在了一起。

是什么原因导致两片六瓣雪花一起形成如此完美的十二瓣星形雪花?

肯尼思·利布莱希特教授在《雪花的答案：冰冻艺术中的科学》一书中这样写道：至于偶然的粘连如何形成了这么多近乎完美的十二瓣星形雪花，还有点令人不解。答案很可能只是因为拍照样本的选择性偏差。如果粘连进展顺利，中心几乎重合在一起，不同分支之间恰好相距30度夹角，那么最终就会生成一个十二瓣星形雪花。如果粘连进展不顺利，后续的生长将会生成一堆凌乱的冰晶。在我们拍照的时候，很容易忽视掉那些凌乱的冰晶，而只去关注那些完美的星形雪花。

王燕平、张超老师在《尊贵的雪花》一书中这样写道：有人会问这十二瓣雪花莫不是两个雪花叠在一起了？其实并不是这样，十二瓣雪花在刚刚形成的时候具有双核结构，由于电磁力的影响，两枚晶核产生一定角度的扭曲，之后就形成了十二瓣的模样。

这就涉及到了解释十二瓣雪花形成机制的两种有趣理论：晶核孪生和随机粘连。

晶核孪生：指具有双核结构的冰晶，在生长过程中因电磁力影响，上下两层角度交错，从而形成了夹角约为30度的十二瓣雪花。这种机制下的雪花形态相对规整。

随机粘连：指多个冰晶在生长过程中因碰撞、吸附等随机因素结合在一起，形成十二瓣雪花。这种机制下的雪花形态更具随机性，夹角有大有小。

右页就是一些“不完美”的十二瓣雪花，这些雪花证明，自然界中的十二瓣雪花的分支错开角度有大有小，并不都是“完美”的30度。

一些“不完美”的十二瓣雪花。

明显是两枚六瓣雪花粘
连而成的十二瓣雪花。

这枚十二瓣雪花因为粘
连了破碎的雪花分支，
看起来像十三瓣的雪花。

29 辐射树枝雪花

右侧是 3 张局部清晰的雪花图。

辐射树枝雪花是雪花的树枝状分支呈辐射状生长发育而形成的。

下面这枚星形树枝雪花的分支上长有若干垂直方向的次分支。由于拍摄角度的原因，需要依据垂直方向次分支的大小拍摄多张局部清晰的图片，然后用图像堆栈软件进行堆栈，从而获得完整的雪花图像。

右侧是堆栈后清晰完整的雪花图，能清晰地看到辐射状的分支。

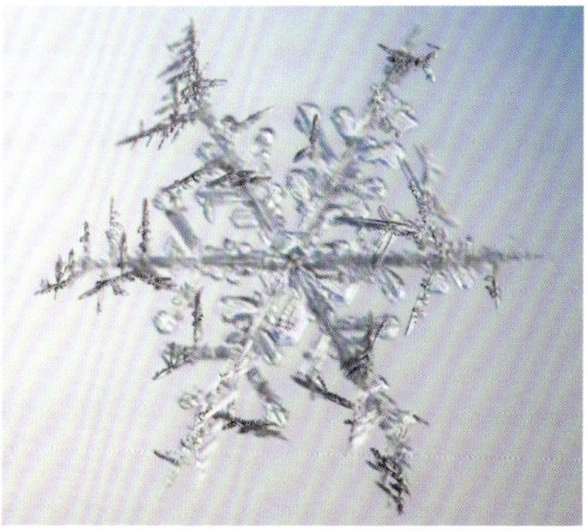
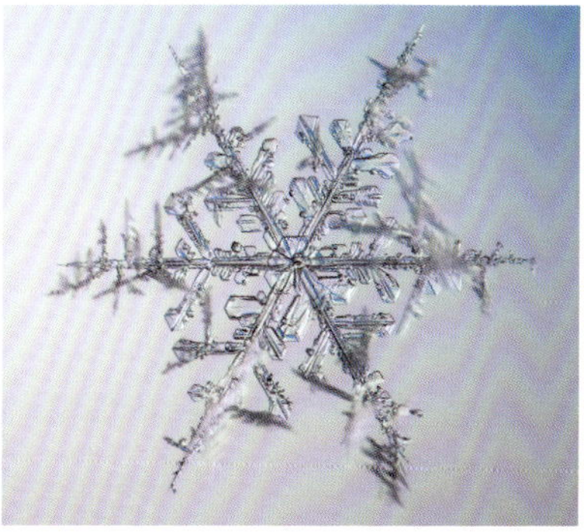

30 不规则雪花

右侧是几枚残缺不全的星盘雪花。

雪花在生长或下落的过程中，由于受某些因素的影响，造成各个分支发育不均衡，或是失去了部分结构，变得残缺不全，形成了雪花碎片，这些雪花统称为不规则雪花，这是我们平时见到最多的雪花种类。

右侧是几枚残缺的六角形板状晶。

右侧是几枚残缺的星形雪花（其中有二瓣雪花、三瓣雪花、四瓣雪花）。

右侧是几枚残缺的扇形雪花。

右侧这两枚不规则雪花应该分别是某雪花的一个分支，因某种原因与雪花分离。第一个形似半边的羽毛，第二个形似一支带翅膀的羽箭。

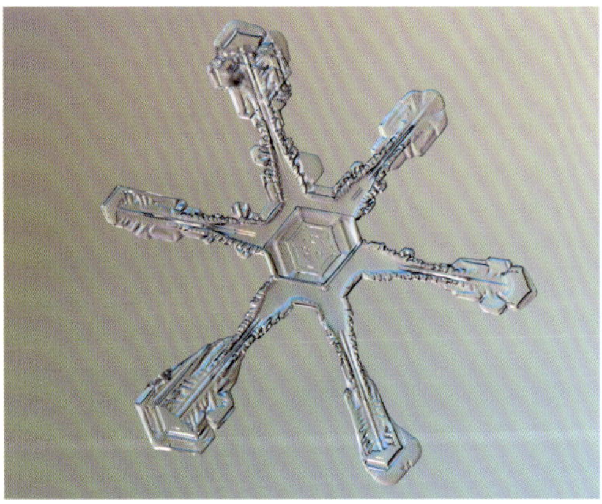

右侧是两枚分支发育不均衡的不规则雪花。

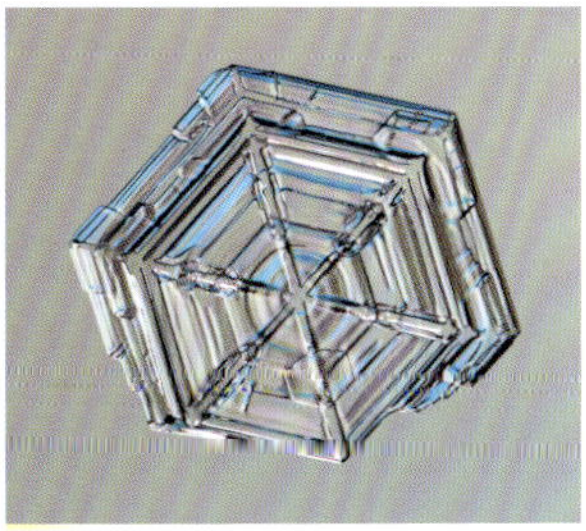
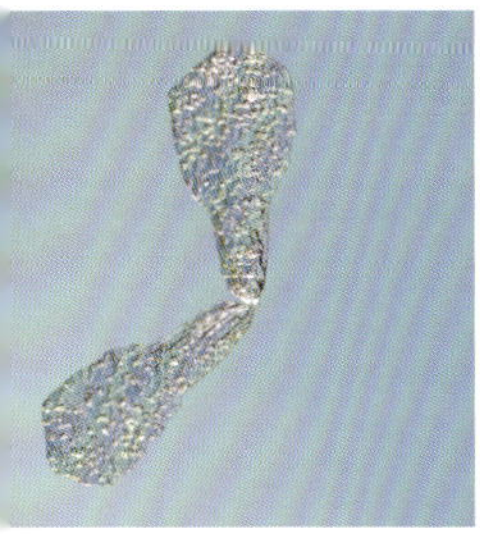

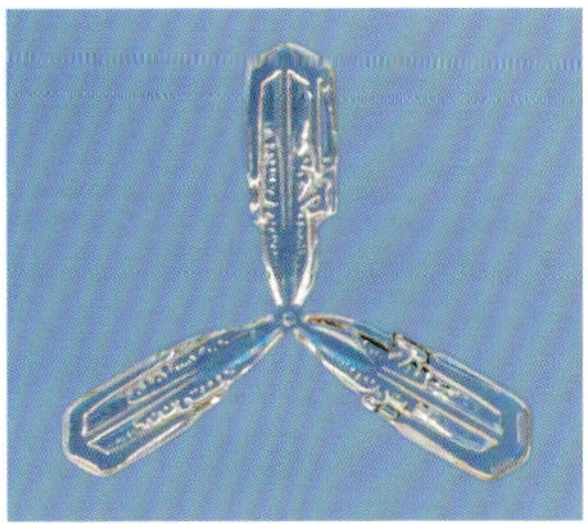
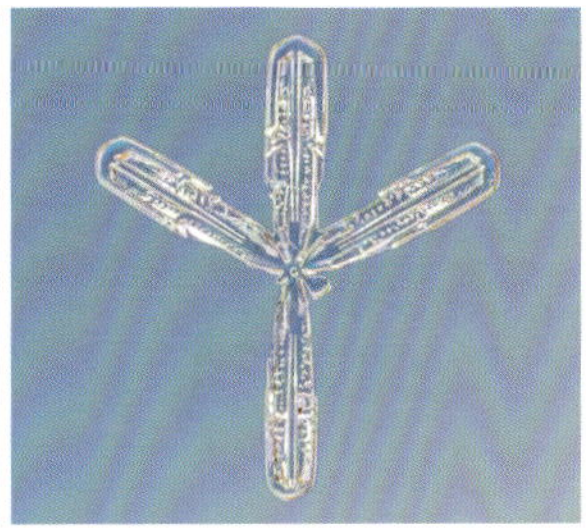

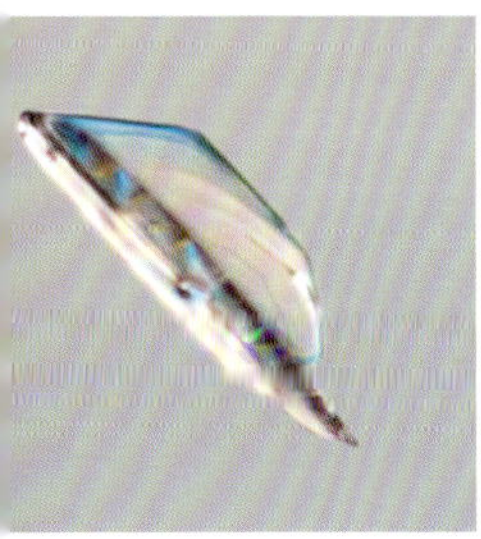
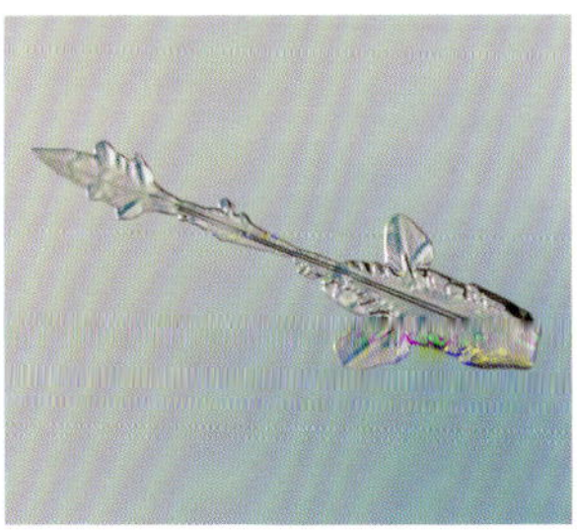

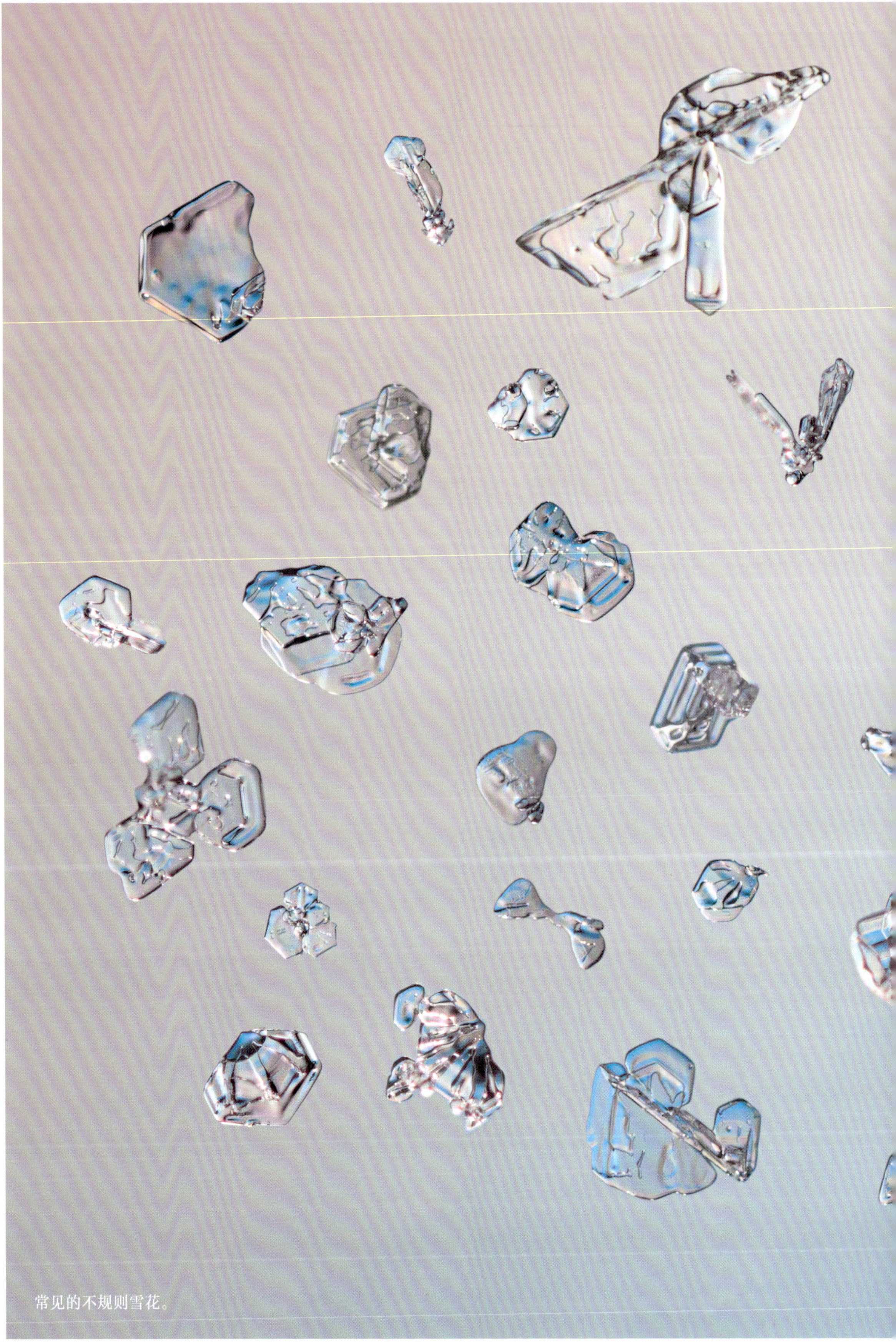

常见的不规则雪花。

这是同一天同一时间段拍
到的完整与残缺的雪花。

31

结霜雪花

右侧是几枚结霜严重的扇形雪花。

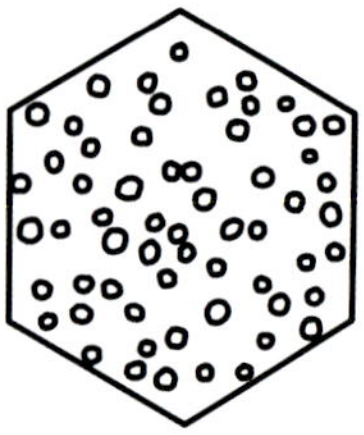

雪晶在生长或下落的过程中有时会遇到空气中的过冷水滴，这些过冷水滴会冻结在晶体的表面，形成结霜雪花。这些雪花的表面上会有许多小霜粒。

右侧是几枚结霜的扇形雪花。

结霜的六角形板状晶。

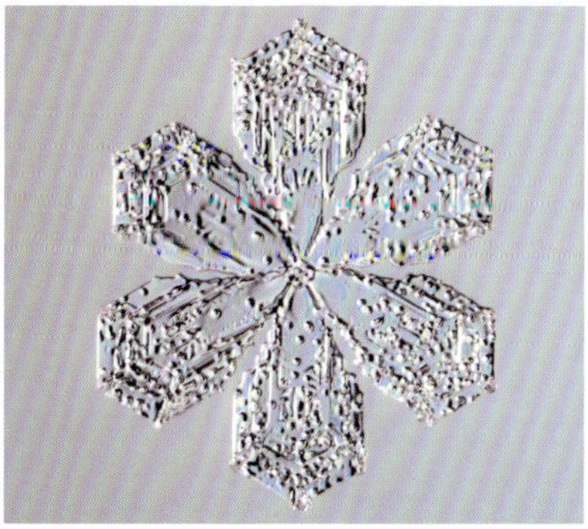

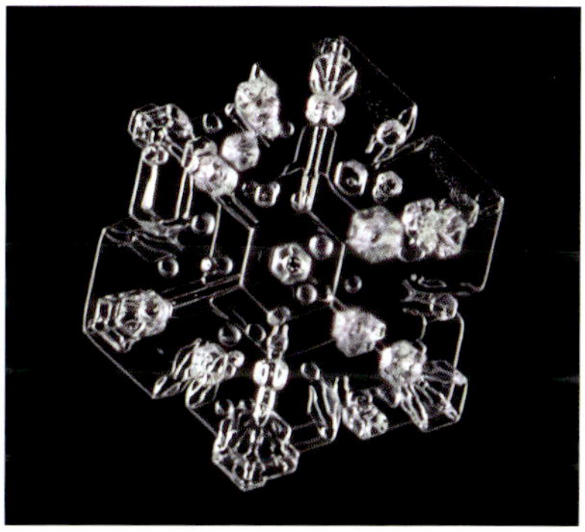
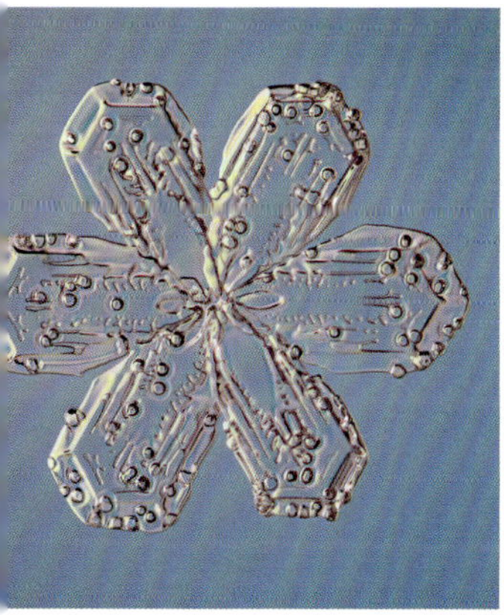

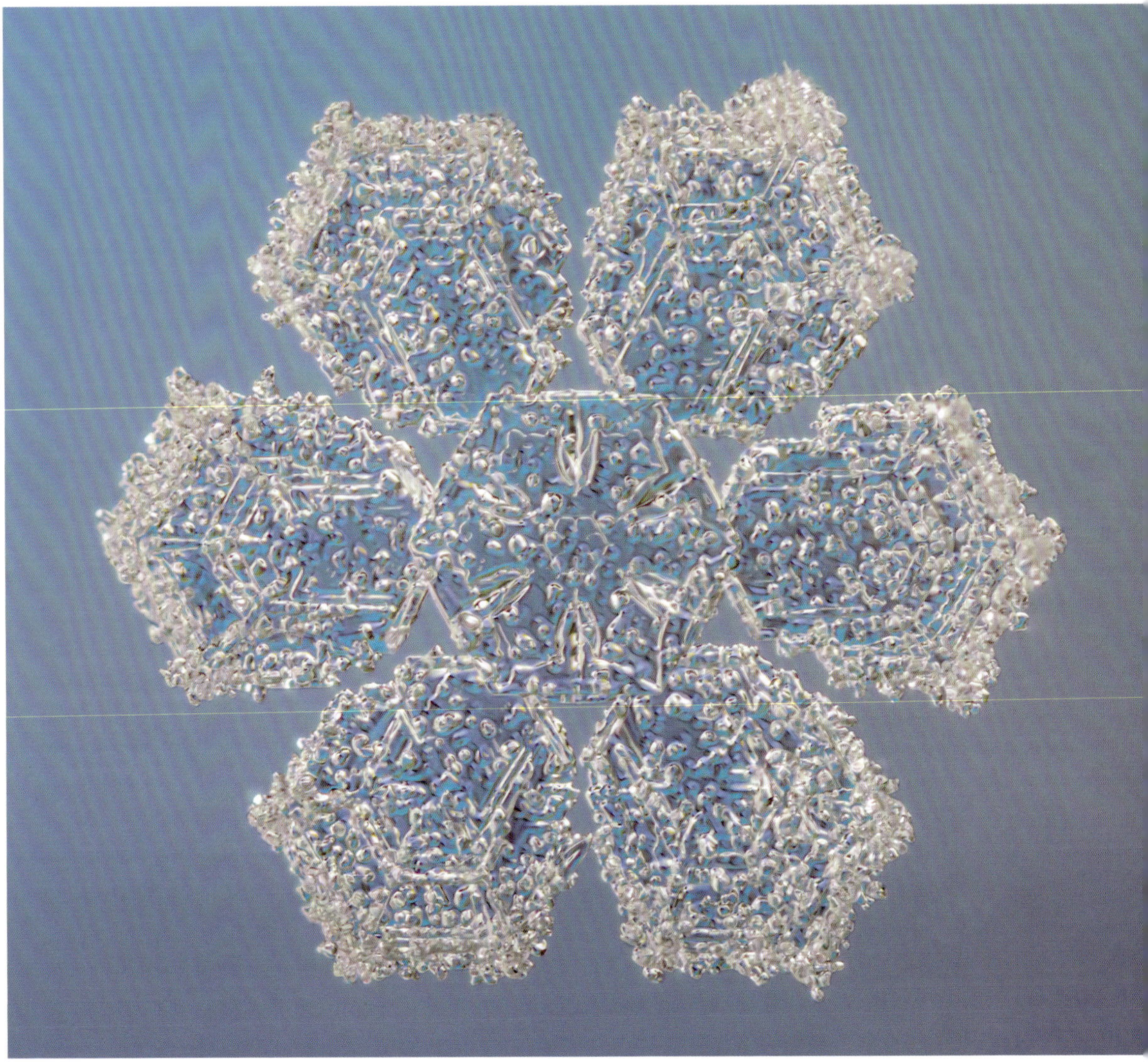

结霜较严重的扇形雪花。

结霜较严重的扇形雪花。

结霜的星形雪花。

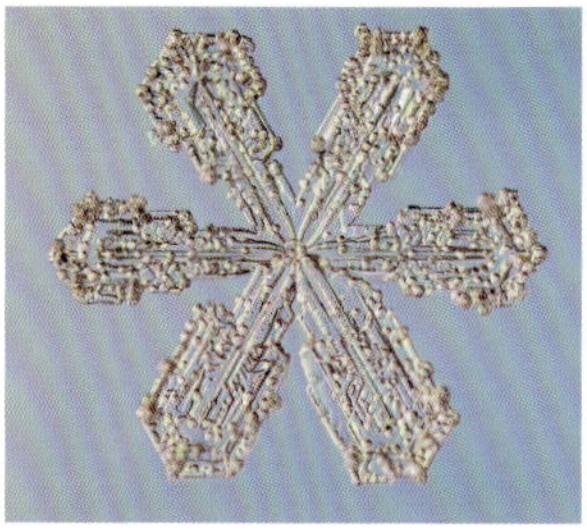

结霜的星形树枝雪花。

结霜的星盘雪花。

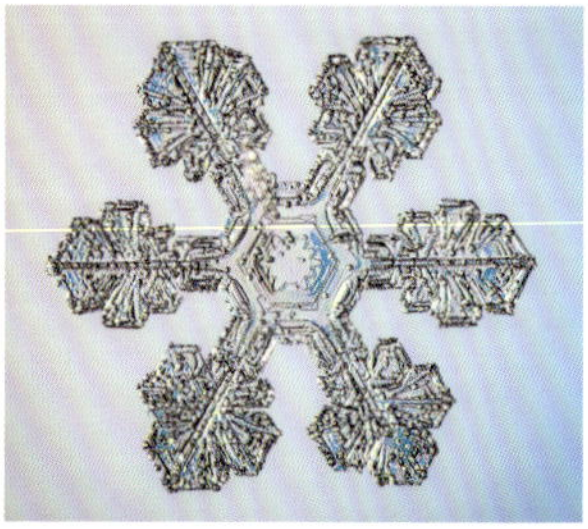

结霜的柱状晶。

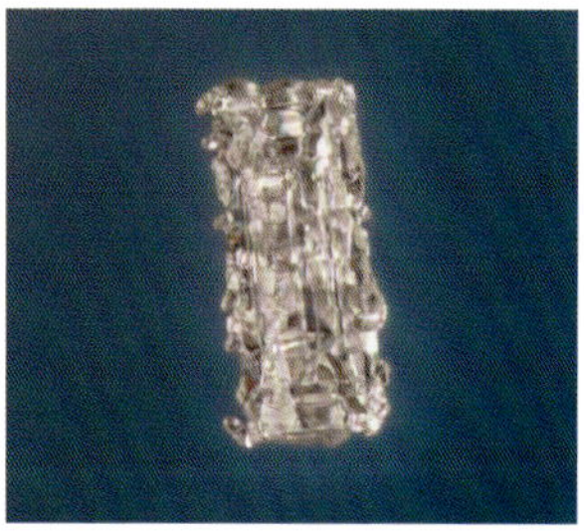

这枚冠柱晶的一侧冠上有严重结霜现象。

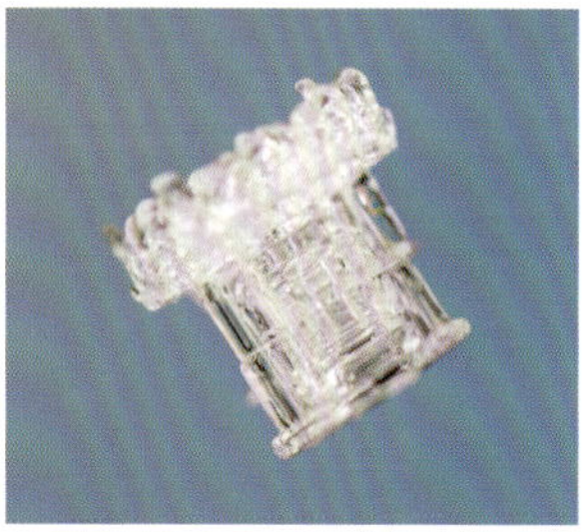

融化中的结霜雪花。

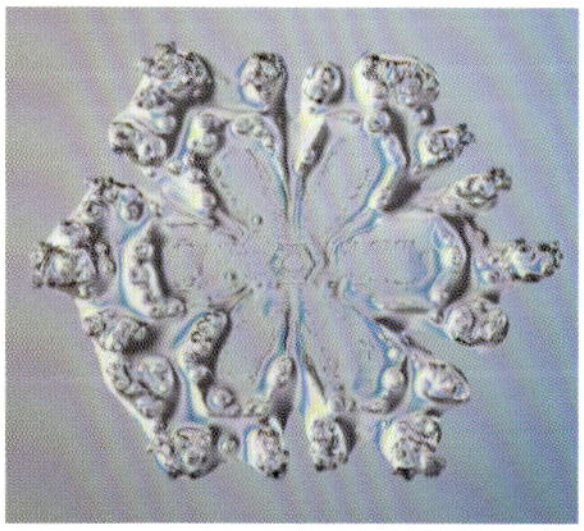

严重结霜的雪花。

32

霰

大气中的冰晶在下落过程中有时会遇到空气中的过冷水滴，有些过冷水滴会冻结在晶体表面，许许多多这样的过冷水滴聚结在一起就是霜，如果这样的霜粒聚结成团状的雪粒，那这样的雪叫霰，也叫软雹。

霰

33 带卷轴顶端的板状晶

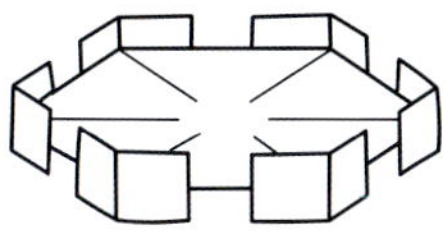

带卷轴顶端的板状晶是六角形板状晶在六个角的顶端长出卷轴状结构而形成的。笔者暂未拍到这种类型的雪花。

34 带柱状顶端的板状晶

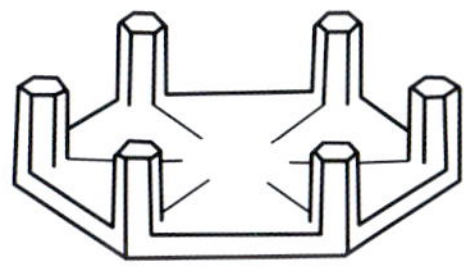

带柱状顶端的板状晶是六角形板状晶在六个角上沿垂直于板状晶平面的方向长出柱状结构而形成的。笔者暂未拍到这种类型的雪花。

35 辐射板状晶

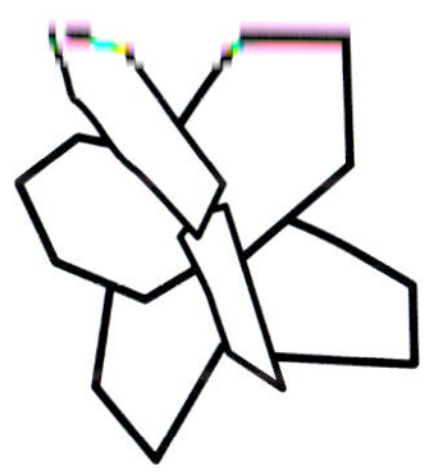

辐射板状晶是由多个板状晶呈辐射状生长而形成的。笔者暂未拍到这种类型的雪花。

第7章

雪花形态与天气的关系

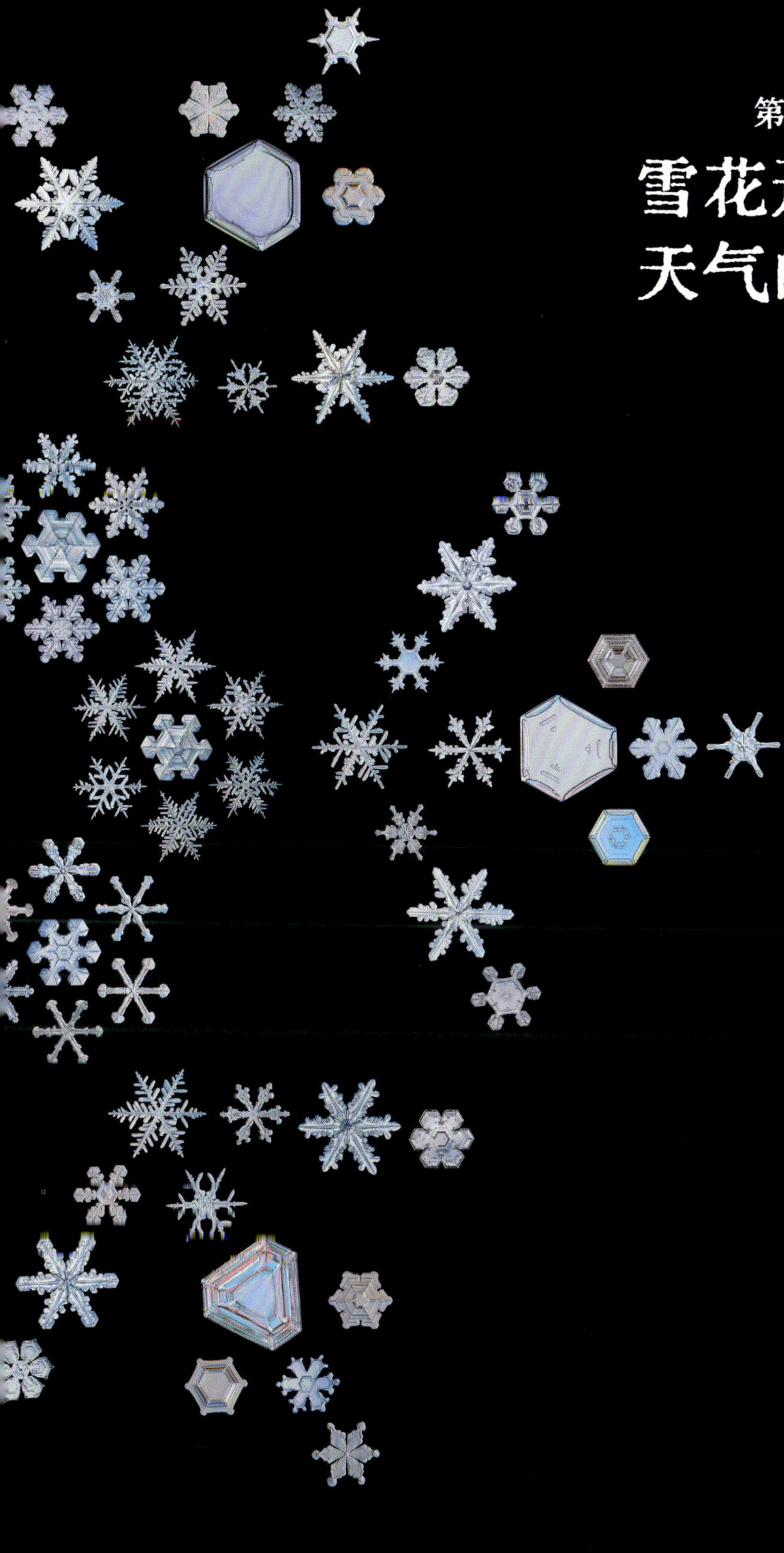

前面提到，20世纪中期，日本科学家中谷宇吉郎花了几年的时间，在实验室里，通过控制环境变量温度和湿度，制造出了许多的雪晶。他仔细观察每一片雪晶的形态是如何依赖于它所生长的环境条件，并把所有的观察结果汇合成一幅图表，即“雪花形态图”。

那么，在自然降雪条件下拍摄到的雪花与雪花形态图有怎样的联系，符合雪花形态图所描述的规律吗？下面，就让我们来看看一个完整冬季，在每一个降雪日里，在当天特定的温度和湿度条件下，都拍摄到了哪些形态的雪花，这些雪花与“雪花形态图”有怎样的联系。

2021年11月至2022年2月，整个冬季，笔者共计跟踪观察拍摄了十三次降雪（连续降雪时，以一个自然日为一次）。每次观察拍摄都几乎是从降雪初始一直持续到降雪结束，虽然中间也因保暖、设备充电的等原因有短暂的休息或中断，但几乎涵盖了降雪各个阶段。因每次降雪持续时间有长有短，降雪量有大有小，降雪当天的温度和湿度有高有低，拍摄到的雪花形态也不尽相同，但都是自然降雪过程中所收集、观察和拍摄到的雪花。

2021年11月7日

最高气温1℃，最低气温-5℃

这是2021年冬季第一次可以成功观察和拍摄到雪花的降雪，降雪时间严格来说是从2021年11月6日晚上的23点开始（6日晚上没有拍到完整的雪花）持续到7日凌晨2点停止，又从7日13点30分开始，持续到20点30分左右结束。

当日由于温度较高，拍到的完整雪花不多，主要以六角形板状晶和柱状晶为主。

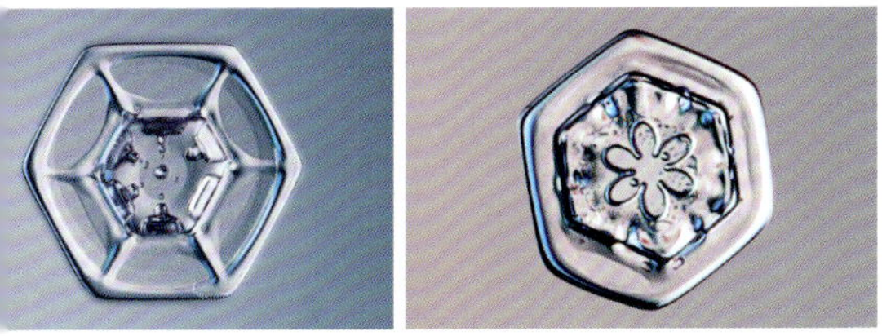
1

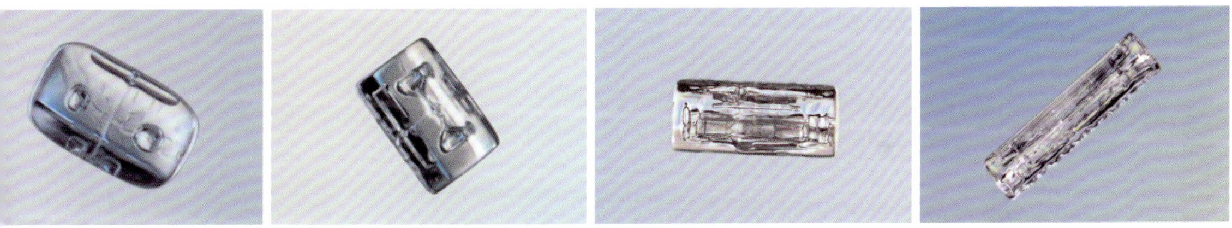
2

3

1 六角形板状晶。
2 实心柱状晶。
3 空心柱状晶。

2021 年 11 月 9 日

最高气温 -3℃，最低气温 -7℃

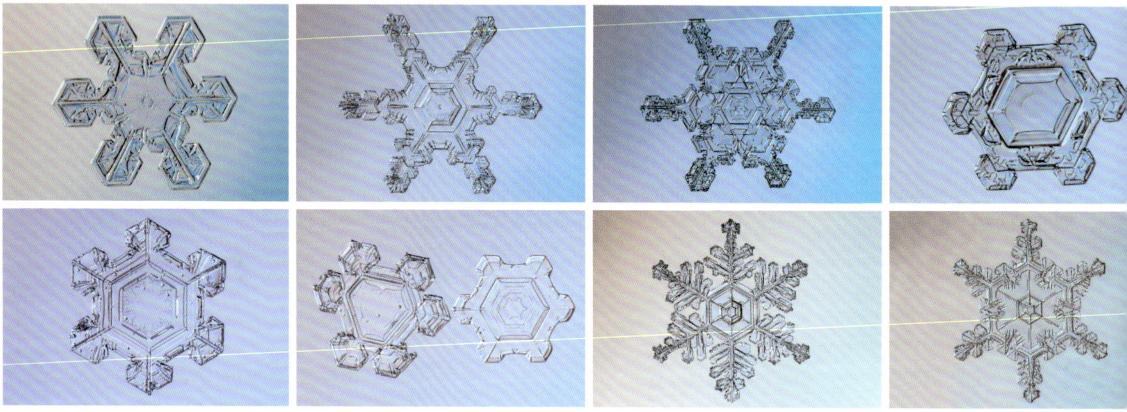

2

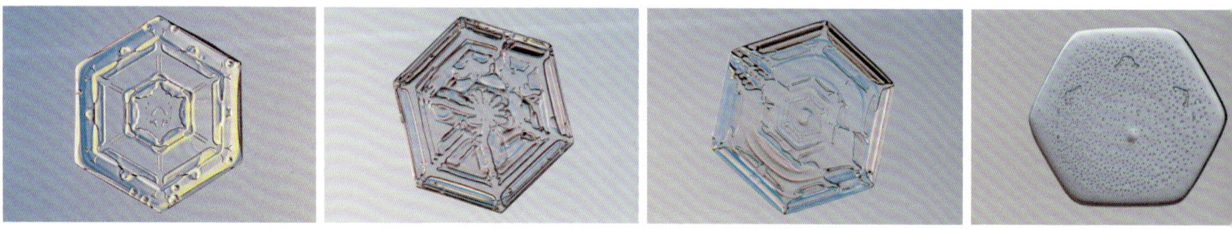

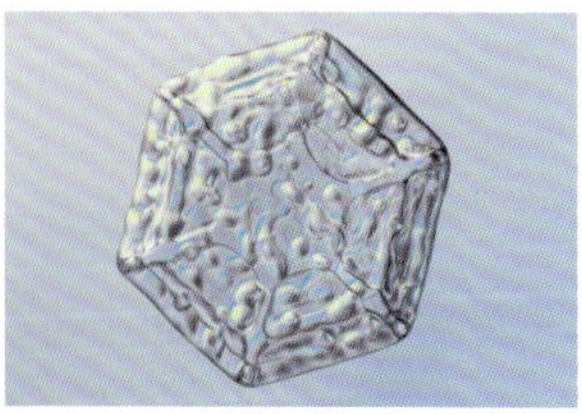

4

1

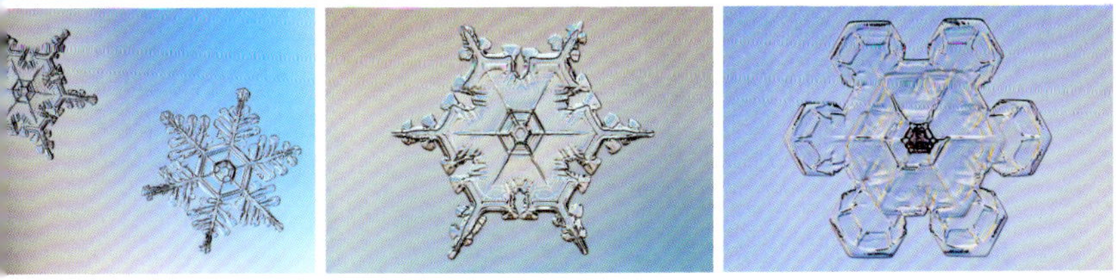

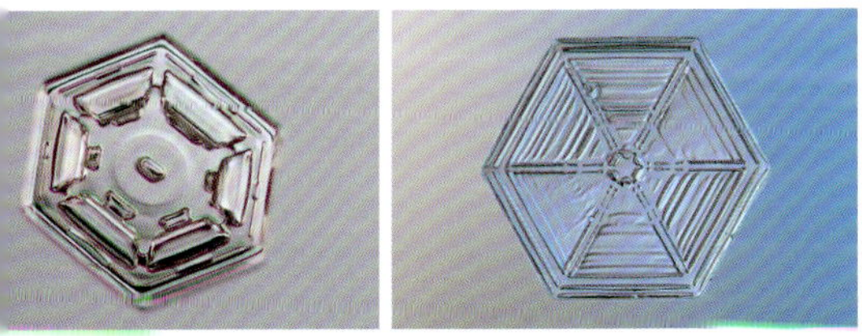

3

拍摄时间从2021年11月9日9点21分持续到23点52分，其间因下午降雪中止，中断2个多小时。当日拍到的雪花以星盘雪花和六角形板状晶为主，星形雪花等其他雪花也有拍到。

1 星盘雪花。
2 星形雪花。
3 六角形板状晶。
4 结霜的六角形板状晶。

2021年11月10日

最高气温 -2℃，最低气温 -5℃

当日拍摄从7点37分开始，到21点08分结束。其中11点到14点30分降雪中断。

本次拍摄持续时间较长，拍到的雪花种类较多，以星形雪花、星盘雪花和扇形雪花为主，也有部分星形树枝雪花和六角形板状晶。在下午拍摄期间，出现了大量的结霜雪花，所以当日拍到的雪花许多都有结霜特征。

1

2

3

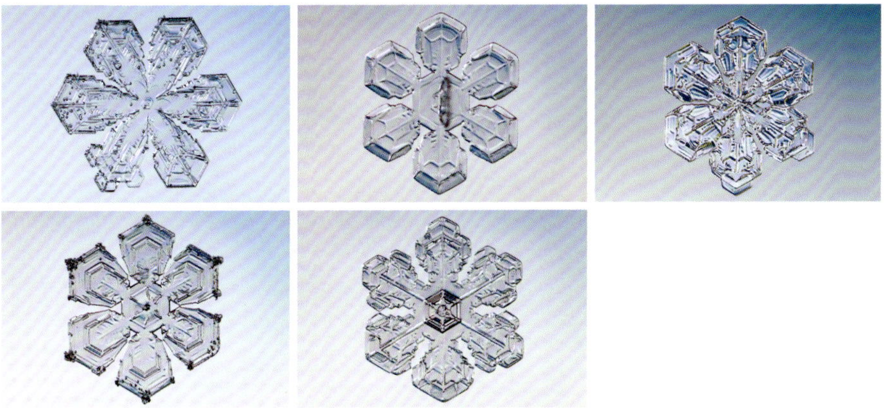
5

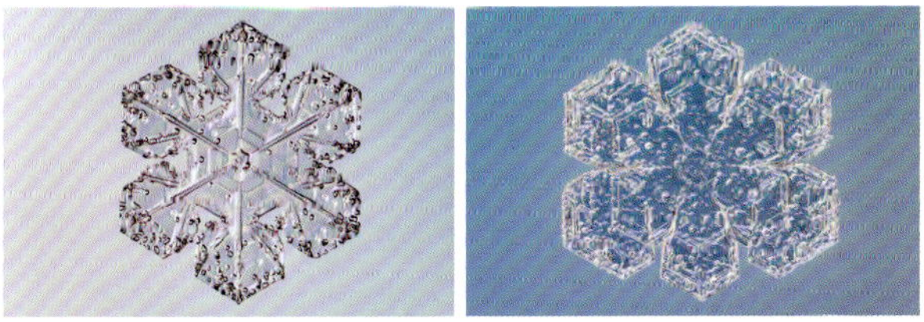
6

7

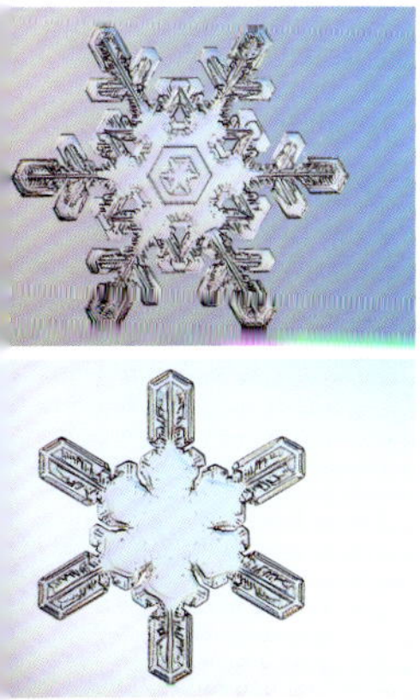
4

1 星形雪花。
2 星形雪花和扇形雪花同现。
3 星形树枝雪花。
4 星盘雪花，有些已经出现结霜现象。
5 这些扇形雪花表面已经开始出现结霜现象。
6 结霜的扇形雪花。
7 结霜的六角形板状晶。

2021年11月21日

最高气温-3℃，最低气温-7℃

本次降雪从21点25分开始持续到次日17点40分结束。但属于本日的降雪时段只有2个半小时时间，本日只拍到六角形板状晶和星盘雪花。

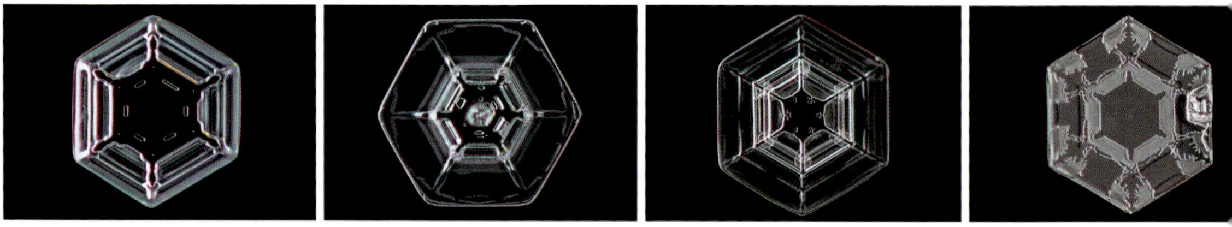

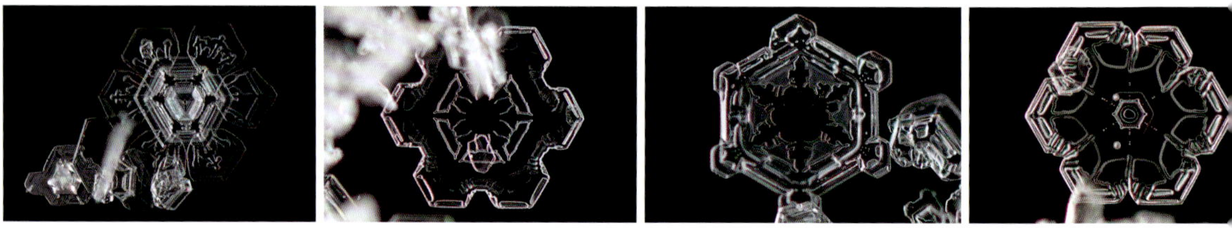

1 六角形板状晶。
2 星盘雪花。

2021年11月22日

最高气温 -7℃，最低气温 -11℃

4

5

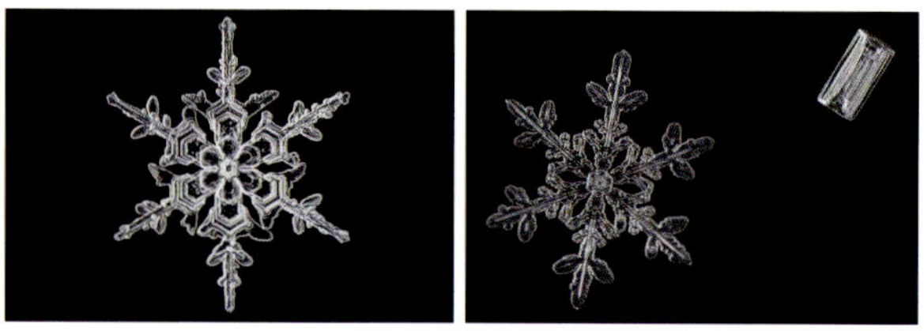

本次降雪是11月21日降雪的延续，拍摄从0点持续到17点40分。

当日拍摄时间较长，拍到的雪花种类也比较多，六角形板状晶、星形雪花、星盘雪花、星形树枝雪花及柱状晶等都有拍到。

6

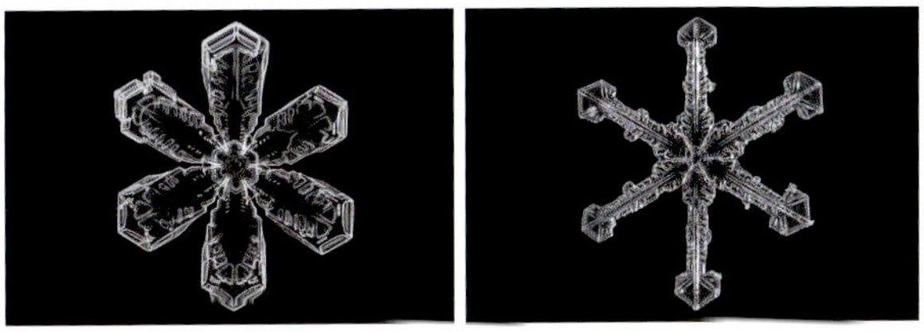

7

2

8

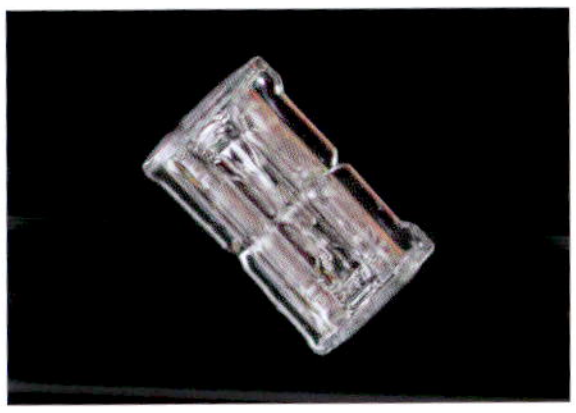

9

1 六角形板状晶。

2 星盘雪花。

3 这几枚雪花看上去是不是很像星盘雪花？其实它们是上层呈六角形或星盘状，下层为星形树枝状的双层雪花。最后一枚雪花的上层还粘有两颗更加微小的六角形板状晶和扇形雪晶花。

4 这两枚星盘雪花长着复杂的树枝状分支。

5 星形树枝雪花，右侧的星形树枝雪花的右上角还同时拍到了柱状晶。

6 树枝状三角晶。

7 星形雪花。

8 实心柱状晶。

9 孪生柱状晶。

2021年11月30日

最高气温 -4℃，最低气温 -11℃

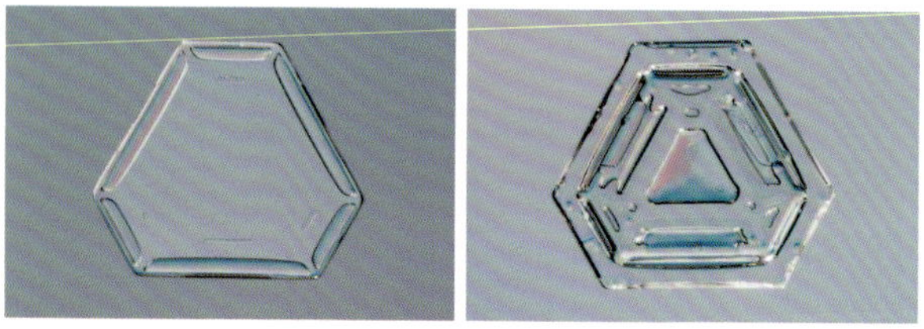

1

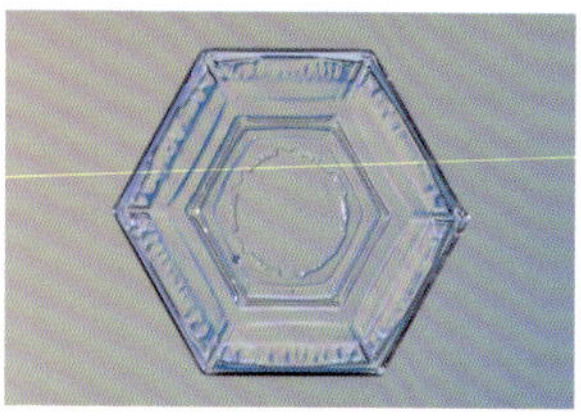

2

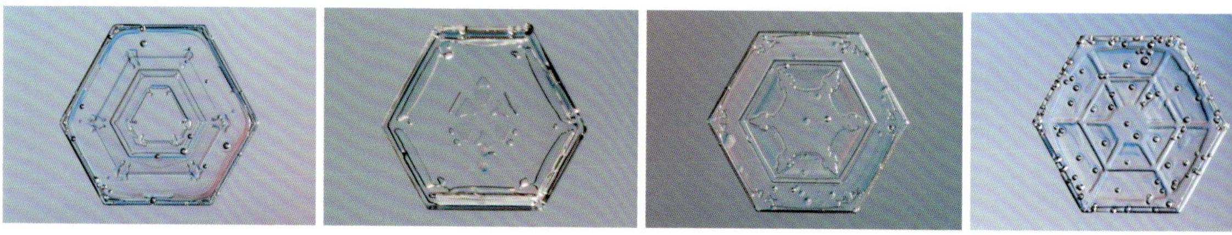

5

6

拍摄从凌晨2点56分开始，持续到18点36分结束。拍到的雪花以三角晶、六角形板状晶、星盘雪花和星形雪花为主，还有个别的扇形雪花和柱状晶。

7

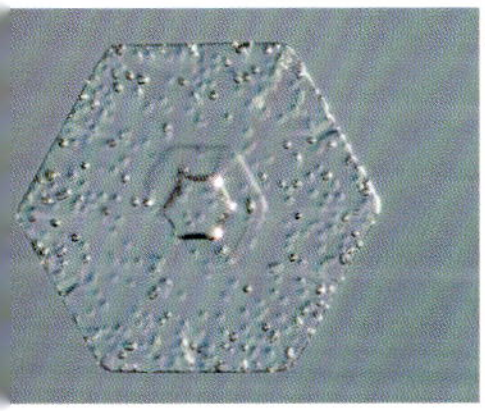

3

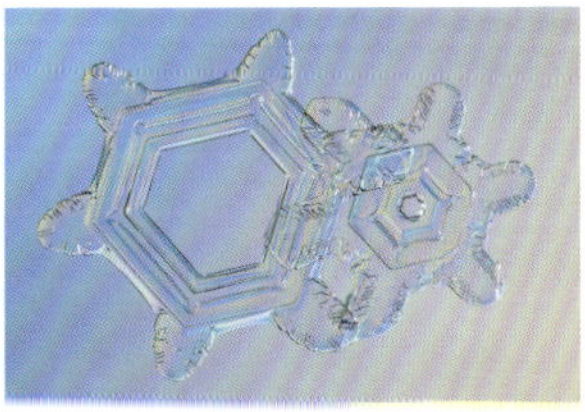

4

1 三角晶。
2 六角形板状晶。
3 结霜的六角形板状晶。
4 星盘雪花。
5 扇形雪花。
6 带有扇形顶端的星形雪花。
7 孪生实心柱状晶。

2021 年 12 月 16 日

最高气温 -9℃，最低气温 -18℃

拍摄时间从凌晨3点13分持续到20点42分。拍摄到的雪花种类以星盘雪花、星形雪花、星形树枝雪花、扇形雪花为主，也有少量六角形板状晶和冠柱晶等。

3

4

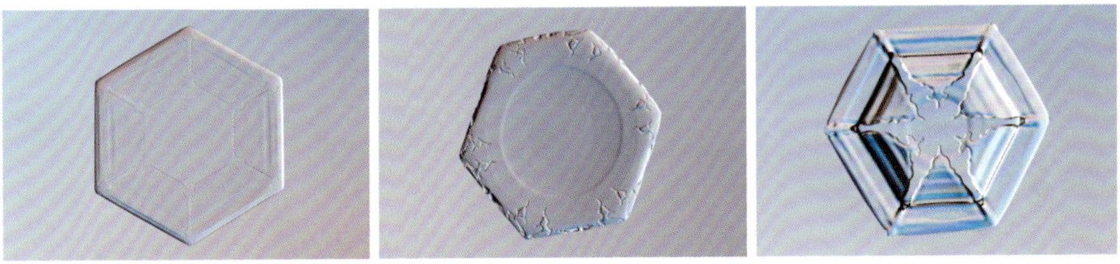

5

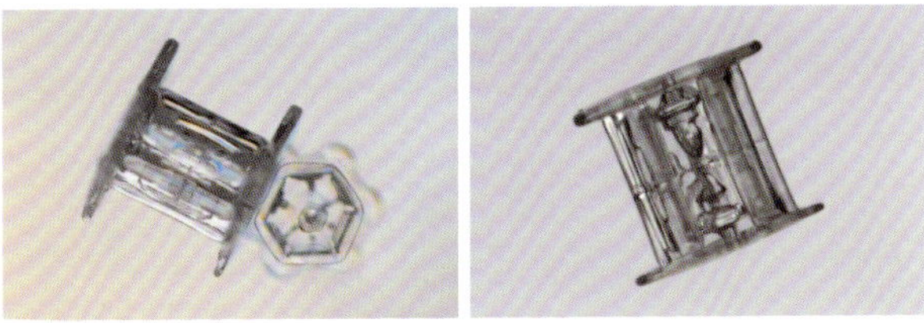

6

2

1 星盘雪花。
2 星形雪花。
3 带有扇形顶端的星形雪花。
4 星形树枝雪花。
5 六角形板状晶。
6 冠柱晶。

2022年1月10日

最高气温-10℃，最低气温-20℃

拍摄时间从16点30分到17点30分，时间较短。拍到的雪花主要是星盘雪花和柱状晶。

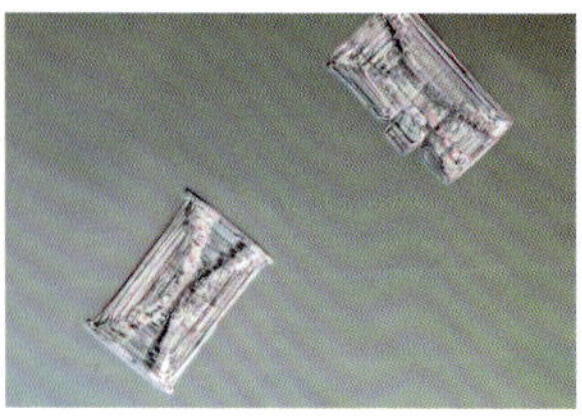

2

1

1 星盘雪花，个别有结霜现象。
2 空心柱状晶。

2022 年 2 月 11 日

最高气温 -2℃，最低气温 -13℃

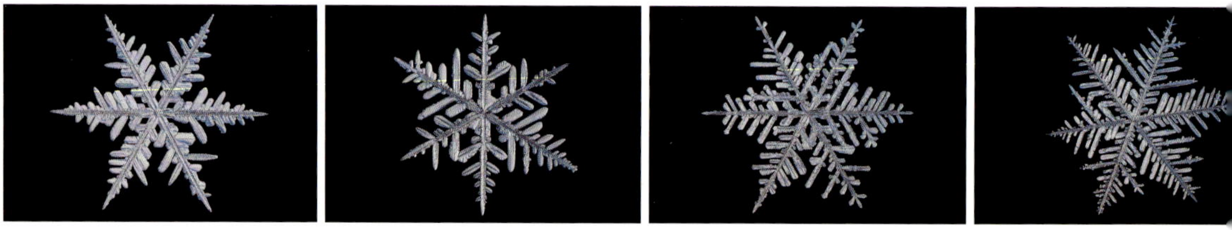

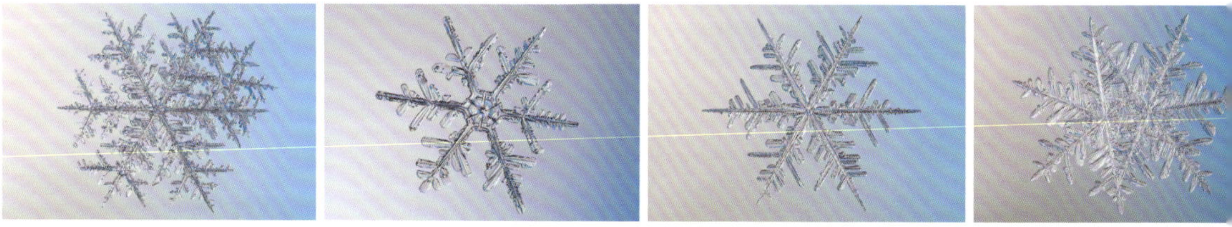

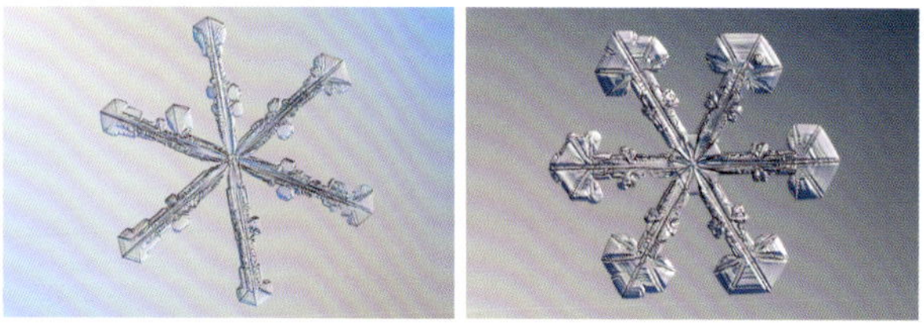

3

4

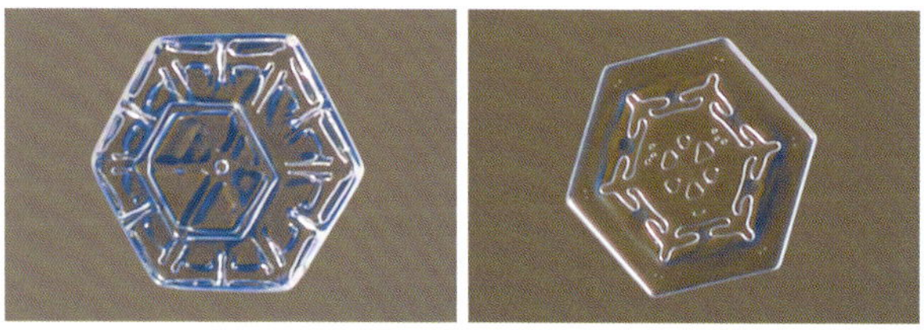

5

1

2

拍摄时间从11点56分到21点48分。当日气温差变化较大，拍到的雪花种类以蕨叶雪花、星形树枝雪花为主，星形雪花和扇形雪花及六角形板状晶也有拍到。

1 蕨叶雪花。
2 星形树枝雪花。
3 星形雪花。
4 扇形雪花。
5 六角形板状晶。

2022 年 2 月 15 日

最高气温 -10℃，最低气温 -15℃

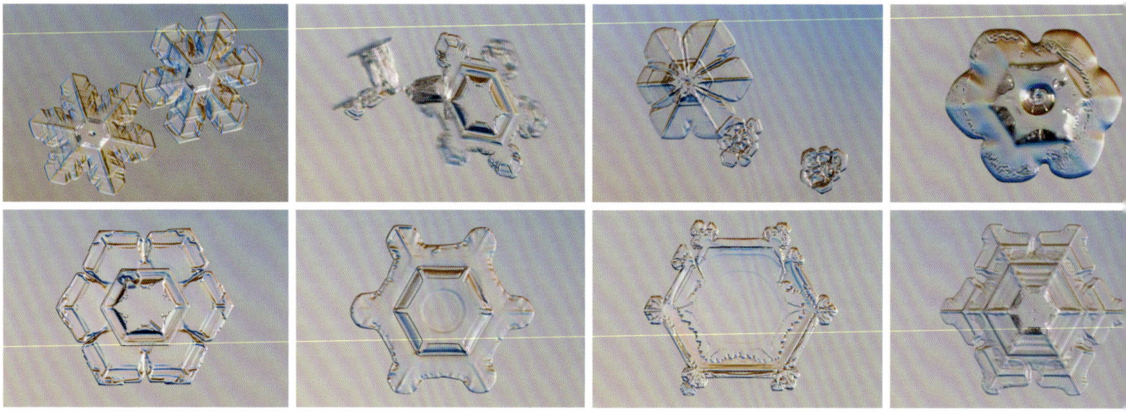

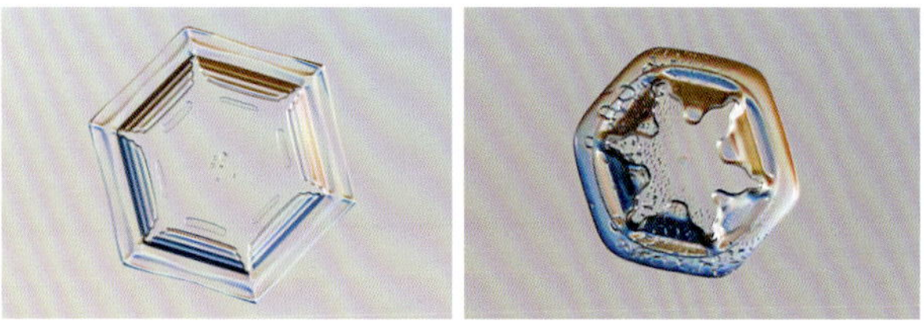

2

3

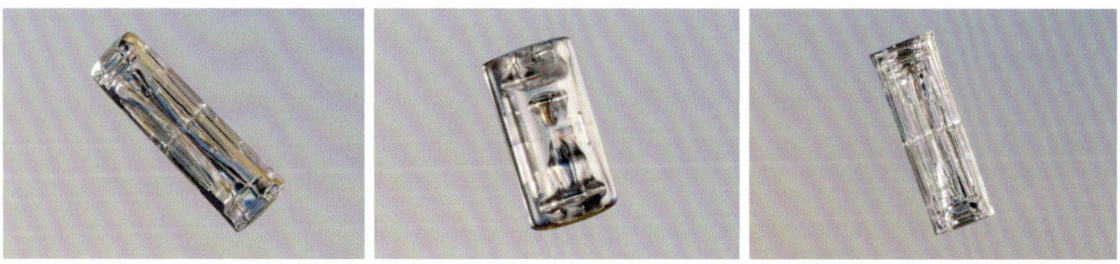

4

1

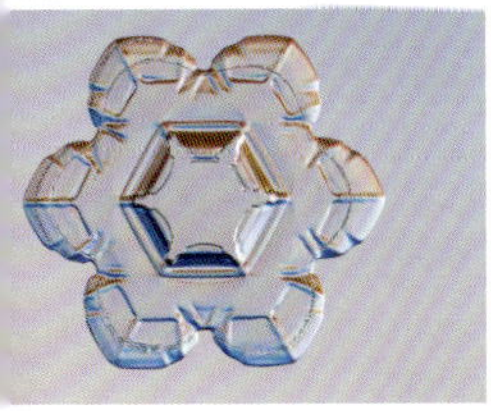

拍摄雪花从8点29分持续到17点34分。拍到的雪花种类以星盘雪花、六角板状晶和柱状晶为主。

1 星盘雪花。
2 六角形板状晶。
3 实心柱状晶。
4 空心柱状晶。

2022 年 2 月 16 日

最高气温 -10℃，最低气温 -18℃

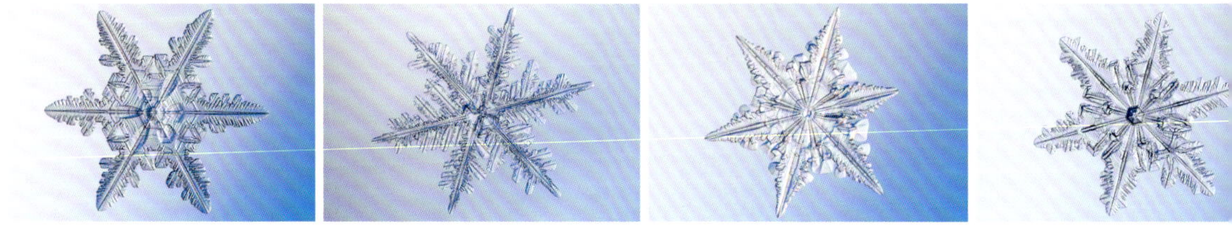

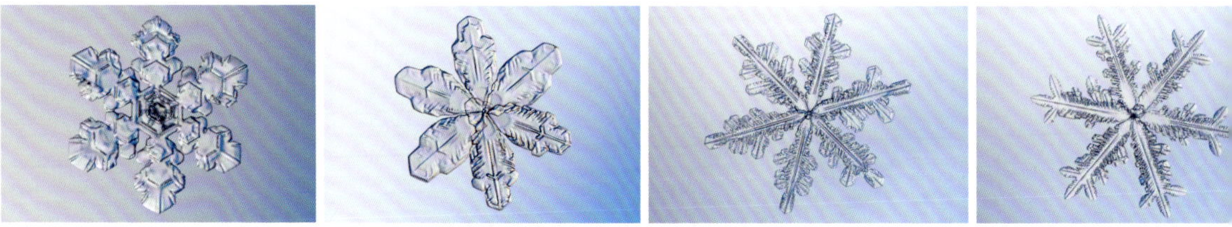

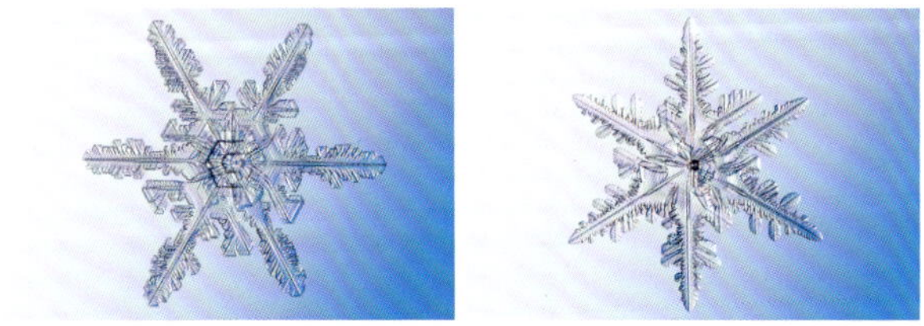

3

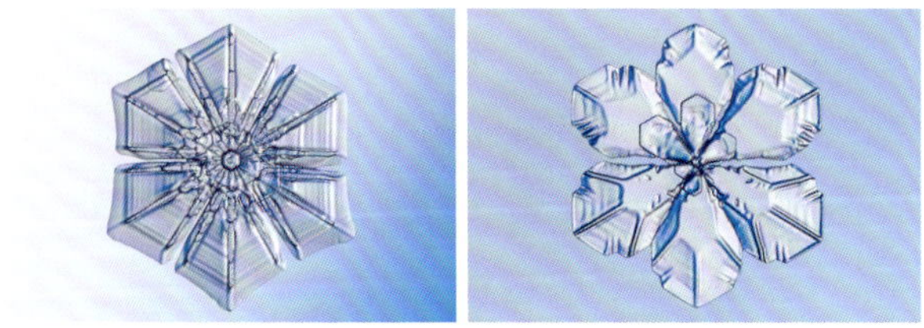

4

拍摄从16日14点05分开始持续到17日凌晨3点07分。拍到的雪花以蕨叶雪花和树枝雪花为主，星形雪花、扇形雪花和柱状晶也有拍到，还拍到了不常见的多重冠柱晶。

5

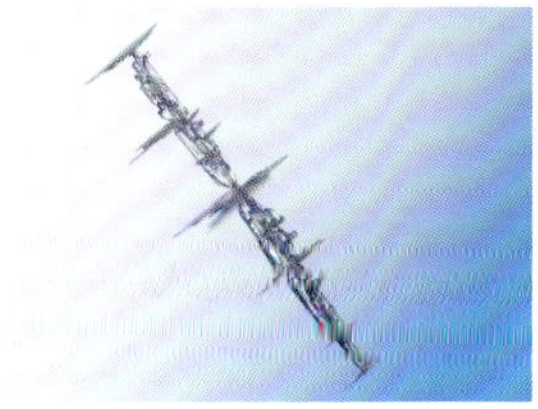
6

1

2

1 蕨叶雪花

2 星形雪花。

3 分裂的星形雪晶。

4 扇形雪花。

5 空心柱状晶。

6 多重冠柱晶。

2022年2月17日

最高气温-6℃，最低气温-17℃

降雪是从16日开始，一直持续到17日凌晨3点07分，与16日是同一次降雪过程。17日虽然拍摄时间短，但拍到的完整雪花却不少。星形雪花、星形树枝雪花、扇形雪花、分裂的雪花、星盘雪花和六角形板状晶都有拍到，一些沿雪花平面垂直生长出次分支的雪花也有拍到。但由于拍摄角度的原因以及采用的是单张拍摄，垂直生长的次分支并不能在图片上显示得很清晰，是一团模糊的状态。

1

2

3

4

5

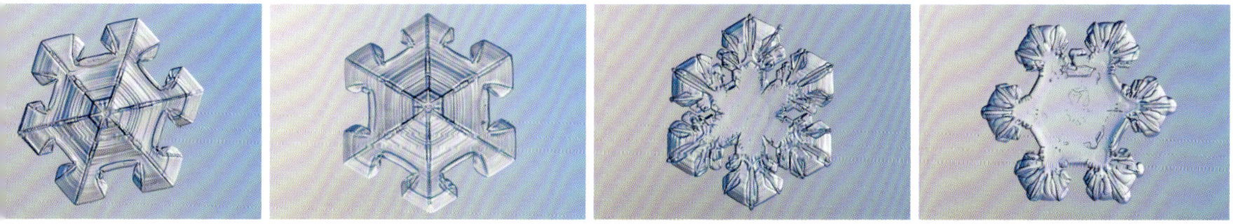

6

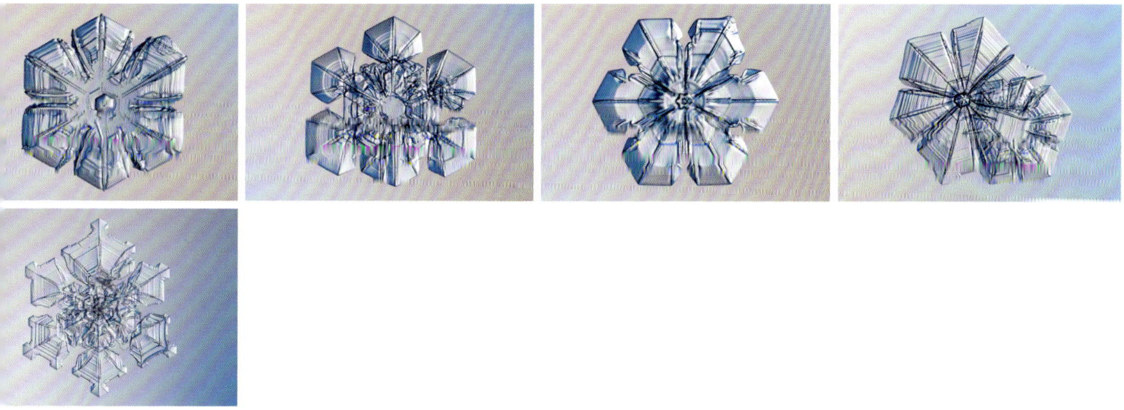

7

8

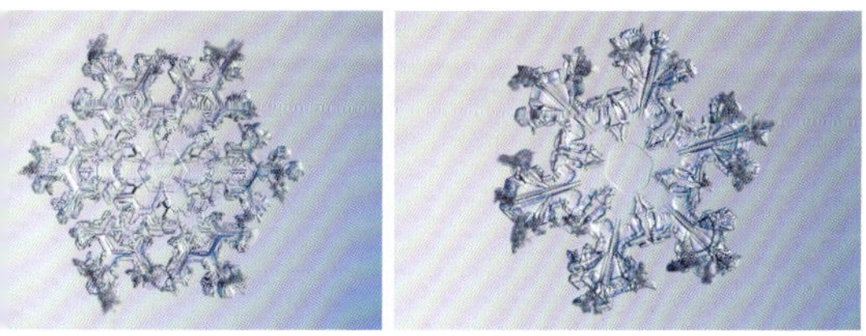

9

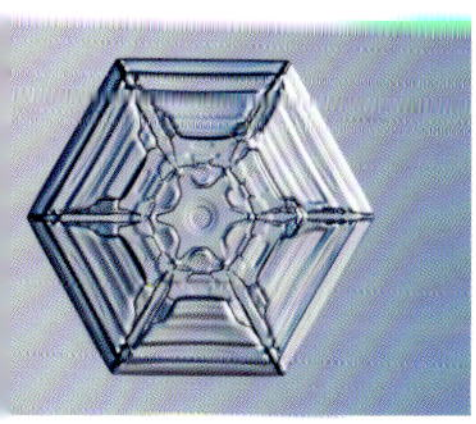

10

1 星形雪花。

2 分裂的星形雪花。

3 星形树枝雪花。

4 分裂的星形树枝雪花。

5 这枚分裂的星形树枝雪花分裂的两部分的树枝有明显区别。

6 星盘雪花。

7 扇形雪花。

8 分裂的扇形雪花。

9 生长有垂直次分支的星形树枝雪花。

10 六角形板状晶。

2022 年 2 月 19 日

最高气温 -9℃，最低气温 -18℃

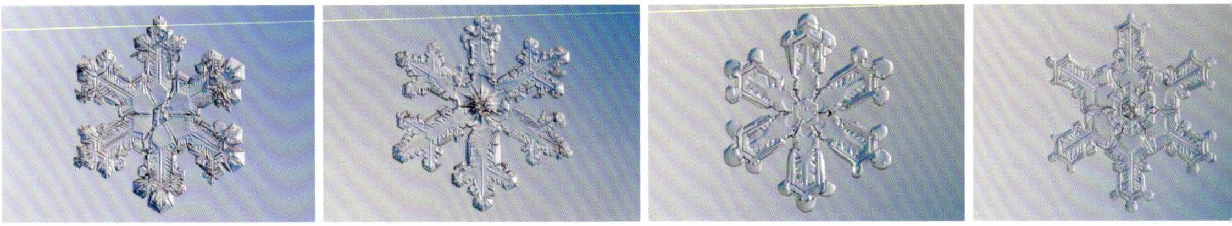

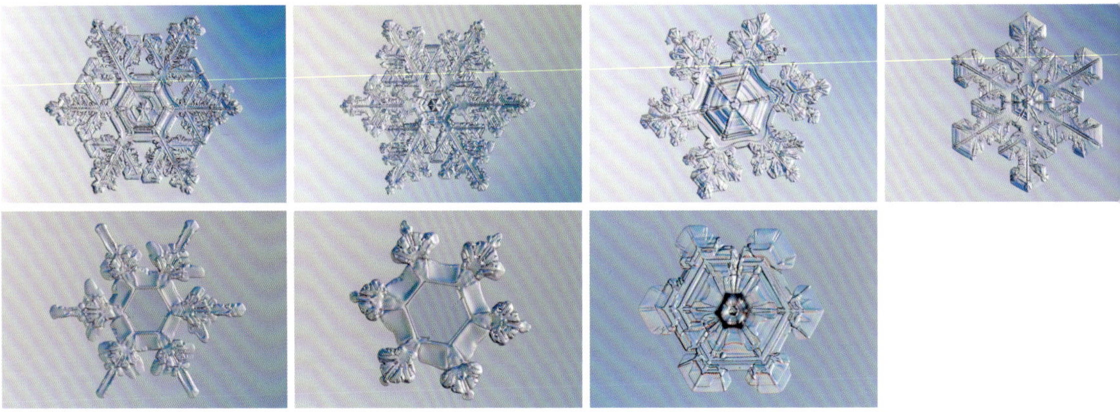

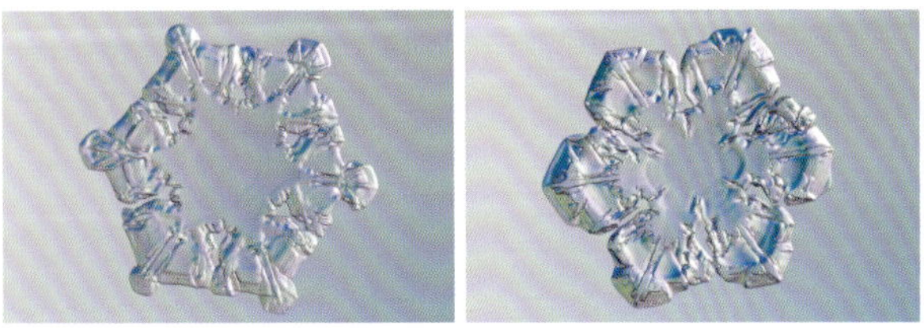

3

4

5

1

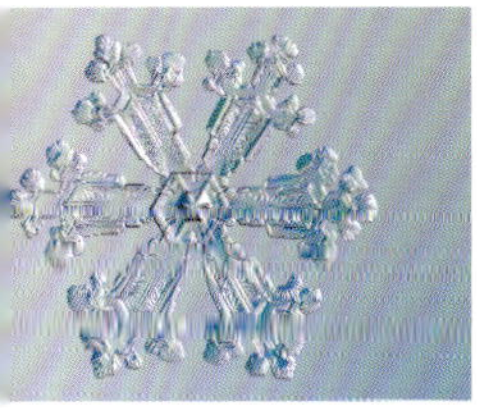

2

拍摄从8点持续到14点30分，是这个冬季最后一次拍摄雪花。拍到的雪花主要是星形雪花、星盘雪花、扇形雪花、分裂的雪花、星形树枝雪花等。

1 星形雪花。
2 星盘雪花。
3 扇形雪花。
4 分裂的扇形雪花。
5 星形树枝雪花。

整个冬季，共计拍摄雪花十三次，另有几次降雪由于当日气温较高或降雪持续时间太短都没有能拍到清晰完整的雪花。

降雪日期与其对应的温度和所拍摄到的常见雪花种类统计如下表。

日期	温度/℃		常见的雪花种类						
	最高	最低	六角	星形	扇形	星盘	树枝	蕨叶	柱状
21-11-07	1	-5	★						★
21-11-09	-3	-7	★	★		★			
21-11-10	-2	-5	★	★	★	★	★		
21-11-21	-3	-7	★			★			
21-11-22	-7	-11	★	★		★	★		★
21-11-30	-4	-11	★	★	★	★			★
21-12-16	-9	-18	★	★		★	★		★
22-01-10	-10	-20				★			★
22-02-11	-2	-13	★	★	★		★	★	
22-02-15	-10	-15	★			★			★
22-02-16	-10	-18		★	★			★	★
22-02-17	-6	-17	★	★	★	★	★		
22-02-19	-9	-18		★	★	★	★		

★当日拍到的雪花种类。

从拍到的雪花种类统计表可以看出，整个冬季十三次降雪，有十次拍到六角形板状晶和星盘雪花，九次拍到星形雪花，七次拍到柱状晶，六次拍到了树枝雪花和扇形雪花，以上几种类型的雪花拍到的频率较高，且几乎在整个冬季降雪的各个阶段都能拍到。蕨叶雪花只拍到两次，拍到的次数最少，而且只在冬季的中后期才拍到。

这是一个冬季自然降雪过程中所拍摄到的雪花，并没有人为刻意地去挑选哪种雪花拍，哪种不拍，都是根据雪花收集板上随机收集到的雪花进行拍摄。当然那些大而完美的雪花更容易被发现和引起拍摄兴趣，从而错过一些本来很少见的雪花种类，可能会影响样本的分布。

这个统计表虽然表达了冬季整个自然降雪过程所拍到的常见雪花种类，但对于雪花种类与当日温度和湿度的关系表达得并不十分直观。考虑到自然状态下拍摄雪花的特殊性，我们暂且忽略湿度的影响，并通过下面的图，分析一下自然状态下拍到的雪花种类与温度变化的关系。（笔者并不是专业从事雪花研究的人员，只是一名普通的雪花摄影爱好者，进行统计分析只是出于对雪花的喜爱。）

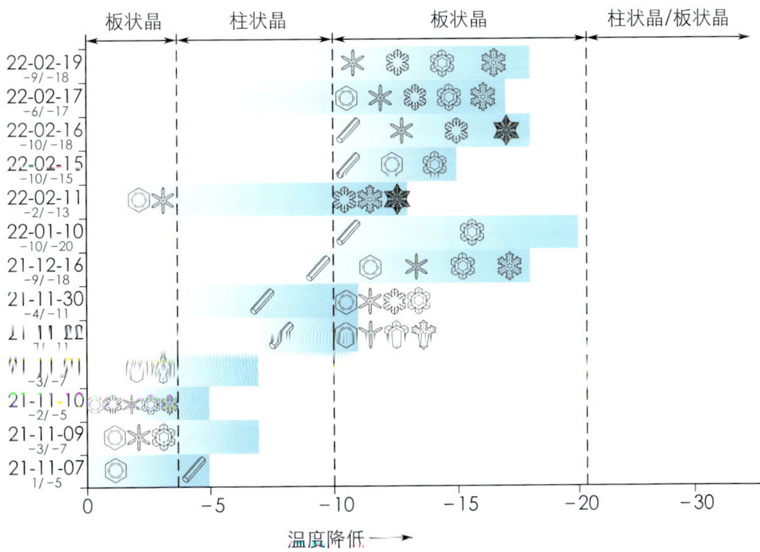

笔者实际拍摄的雪花与温度的关系图

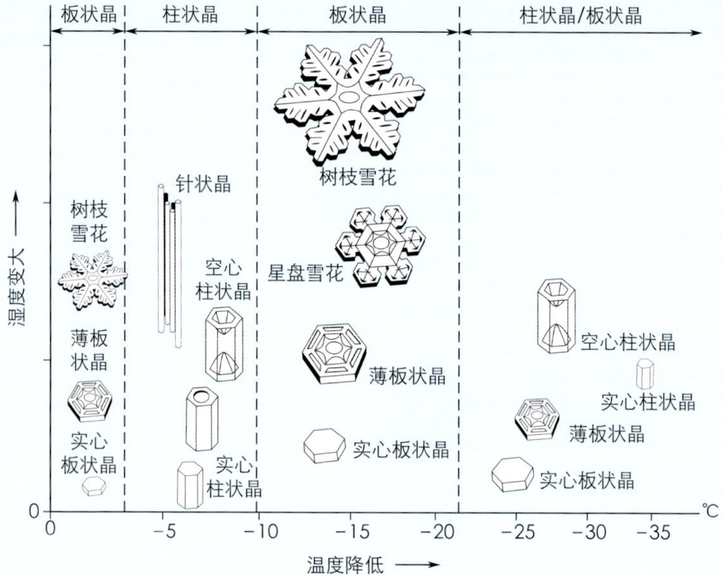

中谷宇吉郎
雪花形态图

笔者的统计图的横坐标表示温度变化，划分有与中谷宇吉郎的雪花形态图一样的雪花形态分区，以方便比对。纵坐标是2021年11月至2022年2月整个冬季所拍雪花的日期。坐标中列出了对应日期温度变化范围及所拍到雪花的主要种类，并以图例表示。

整个冬季拍摄雪花期间的最低温度是－20℃，没有温度低于－20℃部分的拍摄数据，但这已经涵盖了绝大多数雪花种类。拍摄期间，每日的温度变化几乎都跨越两个甚至三个雪花形态分区，极少数在一个分区内，温度变化范围较大，所以，每次降雪都能拍到多种不同形态的雪花。

不同形态的雪花在对比图上的排列原则是：如果当日拍到的雪花种类是属于当日气温变化所覆盖到的雪花形态分区，则此雪花分布排列在它所属的分区内，如果当日拍到的雪花种类并不在当日气温变化所覆盖的雪花形态分区内，则此雪花按靠近它们的分区排列。

从笔者的统计图可以看出，自然条件下拍到的雪花绝大多数符合雪花形态图的分布规律，只有部分柱状晶例外。

虽然从笔者的统计图上看，自然条件下拍到的雪花基本符合雪花形态图的分布规律，但更要清醒地看到，这个对比依然非常粗糙，不够严谨。这个对比纯粹是为记录整个冬季不同时期、不同温度变化条件下所获得的雪花拍摄成果。

笔者的统计图的不足主要有以下几方面的原因。

一是中谷宇吉郎的雪花形态图是通过在实验室里严格控制环境变量温度和湿度，并经过无数次的实验观测所获得的结论。而雪花形成于上千米的高空之上，没有人为的干预，直至降落到地面，它的形成和生长环境无时无刻不在变化。所以，仅用当地天气预报的温度来进行雪花形态的分析对比难免存在差异。

二是降雪很多时候是从白天持续到深夜，或从深夜到天明，拍摄雪花也伴随进行，昼夜温差较大，有时相差十几度，一天之中所拍摄的雪花并没有按不同时段进行详细划分，也没有观测和记录或获得各个时段的温度变化数据，很难确定某种形态的雪花是在哪个时段什么温度条件下出现的。所以，这样的比对略显粗糙，很难十分准确地反映雪花种类与温度的关系。

三是雪花分布的排列原则，更有利于使自然条件下拍到的雪花趋于与雪花形态图一致，这可能影响到自然条件下拍到的雪花形态的真实分布情况。

四是一人一个冬季的拍摄记录肯定带有个人的习惯与喜好，拍摄记录的样本也太少，样本的选择上也一定会存在偏颇，难以做到全面、具体，对于分析对比结果会产生影响。

五是忽略了湿度对雪花形态的影响，对比不够全面。

但是，雪花太美了，这个分析对比纯粹是出于笔者对雪花的喜爱。

无论雪花是在什么条件下出现，拍到漂亮的雪花总是一件让人非常高兴的事情。

参考文献

[1] [美]利布莱希特 Kenneth Libbrecht，温Rachel Wing．雪花的答案：冰冻艺术中的科学[M]．王燕平，张超，译．北京：电子工业出版社，2017．

[2] 王燕平，张超．尊贵的雪花[M]．重庆：重庆大学出版社，2017．

[3] 杨振宁．对称与物理[J]．自然杂志，1995，11．

[4] 尹传红．由雪引发的科学实验[J]．财会月刊，2016．

[5] 穷．雪晶：来自天空的象形符号[J]．文明，2021．

当一片雪花融化

它并非消失

只是带着大地的温度

踏上了重返星辰的旅程

张福林

1960年出生于辽宁省建平县，1982年毕业于辽宁工程技术大学（原阜新矿业学院）采矿工程系。先后任教于黑龙江科技大学（原黑龙江矿业学院）、长春煤炭管理干部学院、长春工业大学。2008年调入华能吉林发电有限公司工作，2020年退休。

微距摄影爱好者，酷爱雪花摄影。2019年起，连续坚持几个冬季拍摄雪花，从无间断，在雪花摄影方面具有丰富的经验。